子供の科学

Science サイエンス
Technology テクノロジー
Engineering エンジニアリング
Maths マス

STEM 体験ブック

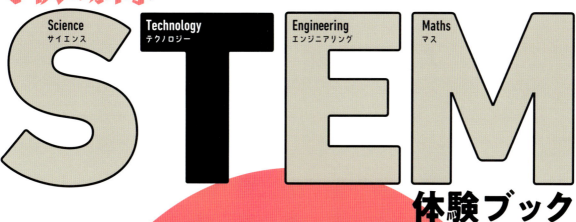

AI時代を生きぬく
問題解決のチカラが育つ

ためしてわかる
身のまわりの
テクノロジー

ニック・アーノルド 著
Nick Arnold

ガリレオ工房 監修

TOOLS, ROBOTICS
AND
GADGETS GALORE

誠文堂新光社

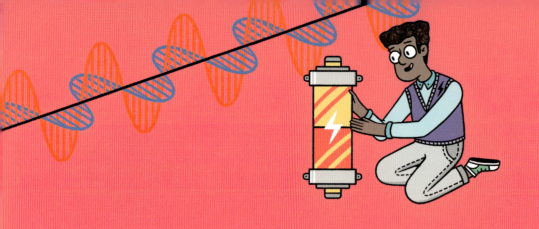

Stem Quest Technology - Tools, Robotics and Gadgets Galore by Nick Arnold
©Carlton Books

Japanese translation rights arranged with Carlton Books Limited, London
through Tuttle-Mori Agency, Inc., Tokyo

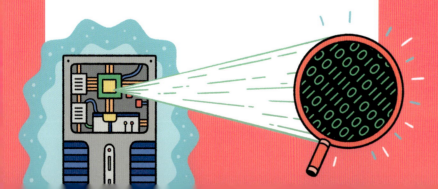

はじめに
世界標準の教育を子どもたちに

　この本は、イギリスで出版されたSTEM（科学・テクノロジー・エンジニアリング・数学）という21世紀型の教育をベースにした子ども向けの本4冊を、イギリスでの出版とほぼ同時に日本でも出版するものです。STEM教育は、アメリカではオバマ元大統領がイノベーションの基礎となる科学技術教育として推進し、広まってきました。

　例えば科学は、物が原子や分子からできていること、生物の遺伝情報はDNAが担っていることなどを前提に、現代科学の基礎から先端までをわかりやすく概観していて、子どもだけでなく、大人にもSTEMの入門書としておすすめです。

　そのため高校で学ぶような内容も出てくるので、初心者向けのSTEM入門書として、むずかしいと思うところは少し飛ばし読みでも構わないので、現代の科学やテクノロジー、エンジニアリング、数学がどんなことにチャレンジしているかをのぞいてみてください。またより深く知りたいと思ったら、他の子ども向けのそのジャンルの本も読んでみることをおすすめします。

　「科学」はバイオテクノロジーの長所と短所など鋭い視点の解説があり、全体として興味深い本になっています。また「テクノロジー」、「エンジニアリング」、「数学」は子ども向けでここまで広くまた踏み込んで紹介している本はあまりありません。世界標準の教育をぜひ楽しんでください。

NPO法人ガリレオ工房理事長・教育学博士
滝川 洋二

CONTENTS
目次

ようこそSTEMワールドへ！....6

昔ながらのべんりな道具....8
やってみよう：くさびをつくろう
やってみよう：工具を使ってみよう

動きを伝えるしかけ....10

料理とテクノロジー....12
やってみよう：トースターで実験！
やってみよう：太陽のエネルギーで卵を焼こう

焼き物....14
やってみよう：塩のねんどをつくろう

いろいろな金属....16
やってみよう：金属の強さを調べよう

強くて軽いプラスチック....18
やってみよう：プラスチックをつくろう
やってみよう：ものの性質を調べよう

繊維のからくり....20
やってみよう：織物の性質を調べよう
やってみよう：織物をつくってみよう

ものに色をつけてみよう....22
やってみよう：布を染めてみよう
やってみよう：活版印刷にちょうせん

紙はスゴい！....24
やってみよう：ちょっとかわった水の実験
やってみよう：紙でゲームをしよう

液体を運ぶしかけ....26
やってみよう：身近なポンプで実験

荷物をラクに運ぶには…？....28
やってみよう：手押し車をつくろう

パワフルなモーターのヒミツ....30
やってみよう：運転の練習をしよう

船が水にうかぶのはなぜ…？....32
やってみよう：ヨットの模型をつくろう

超スピードで進む船....34
やってみよう：ジェット船をつくろう

飛行機を支える科学....36
やってみよう：どこまでも飛んでいけ！

ジェット・エンジン....38
やってみよう：たったの3秒で実験
やってみよう：風船を回してみよう

何が起きてる？
バイオテクノロジーの世界....40
やってみよう：ヨーグルトづくりにちょうせん

カテゴリー のマーク	建設／建築	パワー／エネルギー	農業／バイオテクノロジー	ものづくり	情報／通信	医りょう／生物医学	輸送

作物の育てかたいろいろ....42
やってみよう：水耕さいばいにちょうせん

いのちをすくう、
医りょうテクノロジー....44
やってみよう：心臓の音を聞こう

電気をつくる、電気を運ぶ....46
やってみよう：レモン電池をつくろう

電気と明かり....48
やってみよう：回路をつくろう

モーターが動くしくみ....50
やってみよう：くぎに磁力をもたせよう

アナログとデジタルのちがい....52

天才的なコンピューター....54

いろいろな電波....56
やってみよう：電磁波たんていになろう

すごすぎるぞ！インターネット....58
やってみよう：ゲームでインターネットの
しくみを体験

超べんり！けいたい電話のしくみ....60
やってみよう：電波を通さないものはどれだ？

自分で考える機械たち....62
やってみよう：宝さがしのアルゴリズム

休みなくはたらくロボット....64
やってみよう：ロボット・アームをつくろう

人間のようなロボット....66
やってみよう：ロボットの手をつくろう

宇宙のテクノロジー....68
やってみよう：空気で飛ぶロケットをつくろう

宇宙服には
テクノロジーがてんこ盛り....70
やってみよう：月での重さはどのくらい？

宇宙ステーションにレッツゴー！....72
やってみよう：宇宙ステーションを設計しよう

べつの惑星に移り住むには？....74
やってみよう：圧力の実験にちょうせん
やってみよう：宇宙で植物を育てるには？

さくいん....76

WELCOME TO STEM WORLD!
ようこそ STEM ワールドへ!

子供の科学STEM体験ブックシリーズは、科学、テクノロジー、エンジニアリング、数学という4冊にわかれていて、どの本にも、アッとおどろく発見がつまっているよ。身のまわりの科学のお話を読んだり、家でできるかんたんな実験にちょうせんしたりすれば、きっと科学をもっと身近に感じられるようになるはず。この本を読んで、科学者やエンジニア、技術者や数学者になるのは夢じゃないって思ってくれたらうれしいな。それじゃあ、子供の科学STEM体験ブックシリーズでフシギな世界をあんないしてくれる、心強い仲間たちを紹介するね!

科学
科学では、身のまわりの世界に目をむけるよ。

カルロスとエラ

カルロスは超新星と引力とバクテリアにくわしいスーパー科学者で、**エラ**はカルロスの助手だよ。いまは、アマゾンの熱帯雨林への出張を計画中! エラといっしょにデータをいっぱい集めて、データベースにまとめようとしてるんだ!

テクノロジー
テクノロジーでは、生活に役立つものや装置をつくるよ。

ルイスとバイオレット

ルイスは、宇宙船でだれよりも早く火星に行くことを夢見るトップ技術者。「装置のことなら何でもおまかせ!」の**バイオレット**は、ルイスがごみからつくったロボットだよ。

エンジニアリング
エンジニアリングでは、スゴイ工作やマシンで問題をかいけつするよ。

オリーブとクラーク

オリーブは、3才のときに犬用のビスケットで超高層ビルをつくってしまった天才エンジニア。**クラーク**は、オリーブがギザのピラミッドに行くとちゅうで見つけたんだ。

数学
数学では、数と測りかたと図形を紹介するよ。

ソフィーとピエール

ソフィーは、ポップコーン派とドーナツ派のわりあいを当ててクラスのみんなをおどろかせた、数学のマジシャンだ。コンピューターの**ピエール**はソフィーの強い味方。持ち前の計算能力で、素数のナゾをとき明かしてくれるよ。

この本では、ひらめきから生まれた道具や技術を紹介するよ

テクノロジーとは、たくさんのべんりな道具や技術のこと。その中でも、人間のいちばんの発明は「えんぴつ」だっていう人もいる。だって、昔は字を書けるようになったら、ほとんどみんな、えんぴつを使って自分のアイデアを人に伝えていたからね。もとをたどれば、いまでは当たり前になっているいろいろなテクノロジーも、こうして伝えられたアイデアから生まれたんだ。テクノロジーの歴史を知れば、テクノロジーのフシギや、もとになった科学の知識、からくり（工学、科学技術、数学）が見えてくるよ。テクノロジーが得意になったら、むずかしい問題をかいけつしたり、すごい技術をマスターしたりできるかもしれないね！

パワー／エネルギー
エネルギーを利用したり、かえたり、送ったりする機械や技術。

輸送
空、海、データを使って、ものを遠くへ運ぶ技術。

医りょう／生物医学
けがや病気を治したり、体を強くしたりする機械や技術。

農業
作物や家ちくを育てる道具や、生育の計画を立てる技術。

バイオテクノロジー
生き物を利用して、新しい製品をつくる技術。

情報／通信
ことば、音楽、絵、写真、身ぶり手ぶり、記号などの情報を送り届ける技術や、情報をうまく伝えたり遠くへ伝えたりする技術。

ものづくり
たくさんのものをつくり出す技術。

建設／建築
建物をたてたり、工事を計画したりする技術。

毎日のくらしを支えるために、だれもがみんな何かのテクノロジーを必要としている。家がなければ雨や風から体や持ちものを守れないし、医りょうの技術がなければ、大きな病気やケガを治すことはできないよね。いろいろな方法で情報をやりとりできるのも、通信システムや発電所があってこそだ。

テクノロジーが生まれたおかげで、わたしたちの生活は昔とは大きくかわった。この本では、いろいろなテクノロジーをいっしょに見ていくよ。将来いちばん使ってみたいテクノロジーはどれかな？　自分にぴったりの仕事は何だろう？　そんなことを考えながら読んでね。
夢をでっかくもってがんばろう！

HANDY TOOLS

昔ながらのべんりな道具

テクノロジーの始まりは何千年も前。わたしたちの祖先が、狩りや料理、建築などの仕事をこなすために道具をつくったのが最初だ。最初の道具は、くさびのような形をしていたよ。

やってみよう

くさび型のべんりさがわかる、かんたんな実験をしよう！

くさびって？
くさびはモノを割るのに使う道具だよ。

必要なもの

- かたいチーズとリンゴのスライス
- まな板
- はば2～3センチメートルくらいの小石4個（丸い石1個、四角い石1個、くさび型で三角の石2個）。くさび型の石は、ずんぐりしていても短くても、うすくても長くてもだいじょうぶ。
- ノート
- えんぴつ

1 チーズを長方形に切り、まな板の上にならべる。

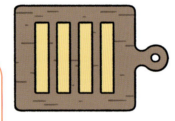

2 どれか1つの石を使って、チーズを1枚たてに切ってみよう。ほかの3つの石を使って、残りの3枚のチーズもたてに切る。

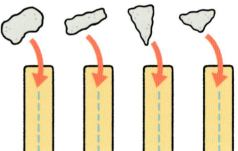

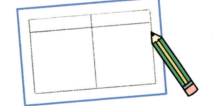

3 石によって切りやすさにちがいはあったかな？ 気づいたことをノートに書こう。切ったあとのチーズの絵をかくのもいいよ。

4 ①と②をリンゴでもためしてみよう。

石は洗ってよごれを落としてから使おう！

だいじな ポイント

細長いくさび型の石を使ったときが、チーズやリンゴをいちばんラクに切れたよね。くさび型の先では、あたる面積が小さくなり、圧力が大きくなるから、よく切れるんだ。また、力が外むきに伝わるから、ものを切りやすい。くさびの先がとがっているほど、伝わる力は強くなるよ。

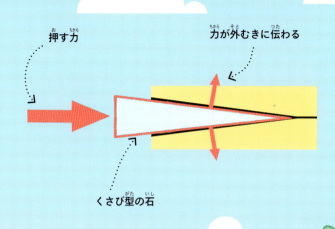

やってみよう

工具を使ってみよう

家にある工具をじっさいに使ってみよう。

必要なもの
- ☑ 大人の人
- ☑ いろいろな大きさのくぎ
- ☑ いろいろな大きさのねじ
- ☑ いろいろな大きさのボルト
- ☑ 木の板
- ☑ ドライバー（ねじ回し）
- ☑ ハンマー（かなづち）
- ☑ スパナ

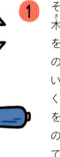

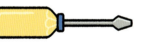
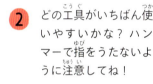

1 そろえた工具を使って、木の板にかんたんな顔をつくってみよう。どの工具をどう使えばいいかな？（ヒント：まずくぎを使って、ねじ穴をつくろう！）。大人の人に手伝ってもらってね。

2 どの工具がいちばん使いやすいかな？ハンマーで指をうたないように注意してね！

だいじな ポイント

工具は、どれも使いかたが決まっている。ハンマーはくぎを打ちこむ工具で、ドライバーはねじをねじこむためのものだよ。ちなみに、スパナとボルトは下穴が必要なので、上の実験にはむいていない。くぎやねじは先たんがくさび型になっていて、木にささりやすいけれど、ボルトは先たんが平らで木にささりにくいことが確かめられたかな。

SIMPLY EASIER

動きを伝えるしかけ

何世紀にもわたって、発明家たちは工具がもっと使いやすくなるように工夫をこらしてきた。ここで紹介する工具は、ふくざつに見えるけれど、かんたんな機械やしかけ（力のむきや大きさをかえられる、動く部品）でできているんだ。さあ、見てみよう！

→ だいじな ポイント

たくさんの機械に使われている、かんたんなしかけを少し紹介するよ。

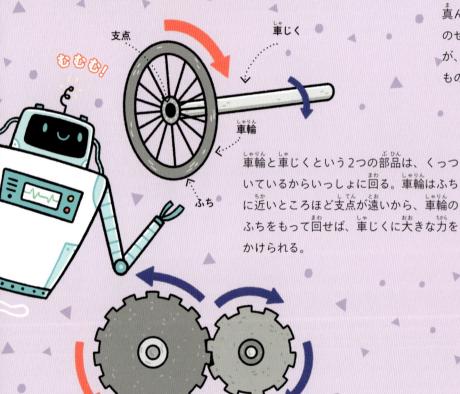

真ん中に支点になるものをおき、そこにぼうをのせればてこの道具の完成だ。力を加える場所が、ぼうのはしに近づくほど、反対側にのせたものを少ない力で動かすことができるよ。

車輪と車じくという2つの部品は、くっついているからいっしょに回る。車輪はふちに近いところほど支点が遠いから、車輪のふちをもって回せば、車じくに大きな力をかけられる。

ギザギザの形の歯車をかみ合わせると、1周の歯の数、かみ合わせ方によって、回転のスピード、むき、力の大きさをかえることができる。歯車は、車や自転車に使われているよ。

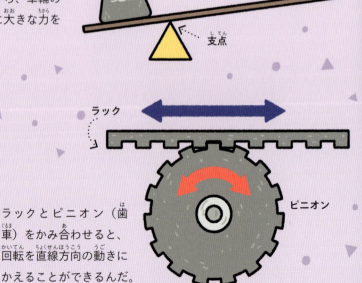

ラックとピニオン（歯車）をかみ合わせると、回転を直線方向の動きにかえることができるんだ。

10

ものごとのしくみ

身近な工具のかんたんなしかけを見てみよう。

歯車式のかん切り
取っ手①がてこのようにはたらき、手からの力が刃にうまく集まる。歯車は、取っ手②の回転をかんに伝える役割があるよ。

バタフライ型コルクぬき
2つのレバーを押し下げると、スクリューが上がってコルクがぬける。レバーとスクリューはラックとピニオン（歯車）でつながっているから、コルクを上に引きぬけるんだ。

ハンド・ドリル
ハンド・ドリルは、車輪と車じくのしくみと似ている。ドリル・ハンドルを回すと、その回転の力がドリル・ビットに集まるんだ。

クイズコーナー

ふくざつなあわ立て器

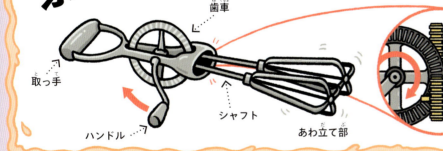

つぎのうち、あわ立て器にはどのしかけが使われているかな？

A) レバー
B) 車輪と車じく
C) 歯車

当ててみよう！

クイズのかいせつ
あわ立て器の取っ手、シャフト、歯車が、車輪と車じくのようにはたらき、ハンドルの回転の力が歯車に集まる。あわ立て部のはしについている歯車によって回転があわ立て部に伝わる。歯車とあわ立て部につながる歯車との円周のちがい（ギア比）によって、あわ立て部のスピードが上がるんだ。使われていないしかけは、Aのレバーだけだね。

知ってる？
昔のあわ立て器
いまは電気で動くあわ立て器もあるけれど、最初はリンゴの枝をたばねたものが使われていたんだ。枝を使うと、料理にリンゴの風味がつくんだよ。

11

LET'S GET COOKING!
料理とテクノロジー

わたしたちの祖先は大昔に、火で料理をしたり暖をとったりする方法を発見した。このときはじめて、人間は熱のすごさを知ったんだ。ここでは、赤々と燃える火のフシギにせまるよ！

→ だいじなポイント

火の正体
火の正体は、**燃焼**という**化学反応**だ。燃焼とは、木などの燃料にふくまれる**炭素**などと**水素**が、空気中の**酸素原子**と合わさること。この反応では二酸化炭素と水ができ、熱と光が生じるよ。

空気中の酸素　　＝二酸化炭素＋水＋熱＋光

木にふくまれる炭素と水素

やってみよう

必要なもの
- ☑ 大人の人
- ☑ トースター
- ☑ 食パン…1枚

① 食パンを金あみに直接のせ、片面だけを5〜7分焼く。上下から加熱するトースターでは、パンの下にアルミホイルをしいて、両面が焼けないようにする。

② 焼いた面と焼いていない面の色、かおり、味を比べよう。

実験のかいせつ
トースターでパンを焼くと、パンの表面で化学反応が起きて、パンにふくまれる物質が変化する。パンにふくまれる**タンパク質**や糖によって、特有の（良い）かおりが出たり、表面が茶色になるんだ。

やけどに注意！

やってみよう

太陽のエネルギーで卵を焼こう

太陽のエネルギー（太陽の光）で料理ができるって知ってた？夏の暑い日にためしてみよう！

必要なもの

- ☑ 大人の人
- ☑ 宅配ピザの箱
- ☑ 黒の絵の具（つやなし）と筆、または黒い紙
- ☑ アルミホイル
- ☑ 新聞紙
- ☑ うずらの生卵
- ☑ お皿
- ☑ ラップ

⚠ やけどに注意！

1 ピザの箱の底を黒い絵の具でぬるか、黒い紙をしく。箱のふたの内側をアルミホイルでおおう。 ←…アルミホイル

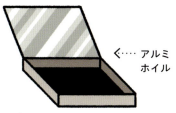

2 新聞紙を丸めたものを4本つくり、箱のわくにそっておく。 新聞紙…

3 風よけ＋反射用のアルミホイルで周りをおおう

4 うずらの卵をお皿に割り、箱の中におく。お皿と底面全体を1枚のラップでおおう。 ←…ラップ

5 内側に太陽の光が当たるような場所に箱をおく。時間はかかるかもしれないけれど、お昼の12時から午後3時の間にやるといちばんうまくいくよ。うずらの卵の白身が白くなり、黄身が固まってくるはず。アルミホイルに反射した光がうずらの卵によく当たるように、支えるものを使ってふたの角度や高さを調節しよう。生の白身は食べないでね！

実験のかいせつ

実験用に加工したピザの箱は、太陽の光を集めて、中の温度を上げる役割がある。アルミホイルは、強い日差しを反射して卵にあてるよ。ラップは暖かい空気を閉じこめ、黒い絵の具（または黒い紙）は熱をすいとって底面を温めるんだ。卵には何が起きるのかって？卵の中には、ボールみたいに丸まっている白身のタンパク質の**分子**（原子が集まったもの）があるんだけど、熱によって分子がほどけて、つくりがかわることで、やわらかかった卵が固まるんだ。

タンパク質の分子

 熱する前

 熱した後

知ってる？

大昔のクッキング

- 人類初のオーブンは、およそ2万9000年前のヨーロッパでつくられたらしいよ。地面に穴をほって火をたいて、マンモスの肉などを焼いたんだ。
- 3000年以上前の大昔のギリシャでは、トースターに似た形のオーブンが使われていたよ。
- 金属のオーブンができたのは、19世紀になってからなんだ。

13

CERAMICS
焼き物

熱を使えば物を固めたり、とかしたりできることは、科学者の常識だ。熱で固まるものといえば、ねんど（岩や土の細かいつぶ）がある。かまとよばれるオーブンでねんどを焼いて固めたものが、焼き物だよ。もとは土なのに水を通さないすぐれものなんだ！

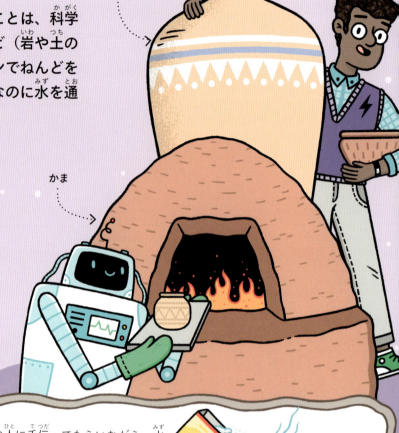

焼き物のつぼ

かま

→ だいじな ポイント

焼く前と後のねんど

ねんどは、そのままではグニャグニャだけれど、熱すると水分が蒸発して、ねんどのつぶどうしの結合がかわる。こうして、じょうぶでかたい材料ができるんだ。

やってみよう

塩のねんどをつくろう

本物のねんどは使わないけれど、焼き物のつくりかたを体験できるよ。ただし、食べることはできないからね！

必要なもの

- ☑ 大人の人
- ☑ 計量カップ
- ☑ はかり
- ☑ 塩…100グラム
- ☑ 小麦粉…220グラム
- ☑ なべ
- ☑ 木のスプーン
- ☑ コンロ
- ☑ 水

 やけどに注意!

1 大人の人に手伝ってもらいながら、水100ミリリットルを火にかける（ふっとうさせる必要はないよ）。お湯をかきまぜながら少しずつ塩を加え、全部とかす。

2 塩をとかしたお湯をかきまぜながら少しずつ小麦粉を加え、とろみをつける。火にかけながら水や小麦粉の量を調節し、ねんどのようなねばり気が出たら火から下ろす。

小麦粉

塩

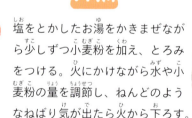

3 ②が冷めたら、手でよくねってなめらかにし、かっこいい形をつくる。オーブンを90℃に予熱し、つくった作品を1時間くらい焼く。小さい作品なら、電子レンジで10〜15秒ずつ何度もかけてかわかすこともできるよ。

1時間

実験のかいせつ

塩のねんどがかわくと、小麦粉のつぶどうしが結合して固くなるというしくみだよ。

ものごとのしくみ

焼き物ではガラスも使われることがある。ガラスは、砂にふくまれる二酸化ケイ素という物質でできている。やわらかくなるまで熱してから、形をととのえ、すぐに冷やす。すると、分子がきれいにならばずに、液体のようにバラバラのまま固まって、他の固体のように光を吸収、散乱しない、とうめいな物質になるんだ。

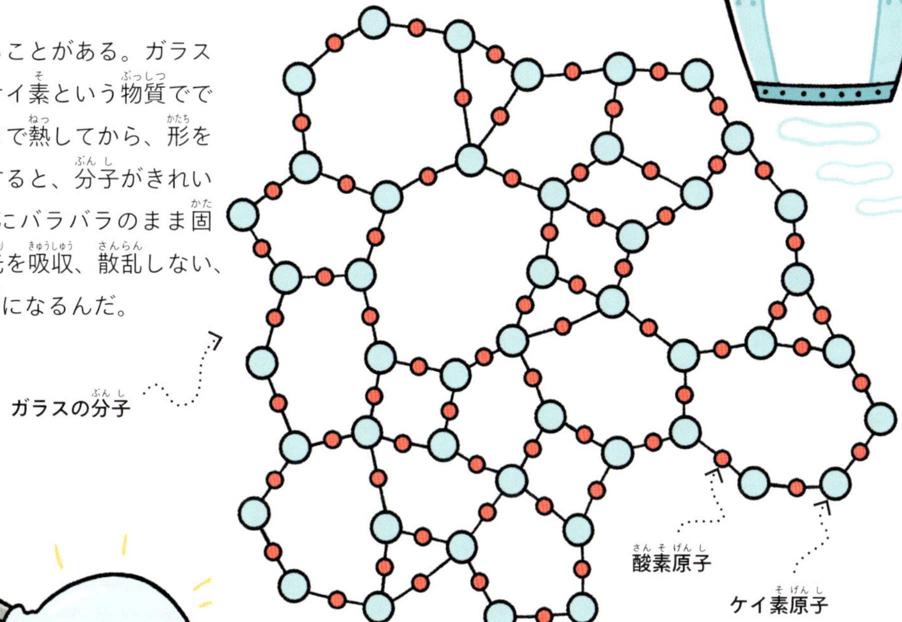

ガラスの分子

酸素原子

ケイ素原子

熱したガラスは、やわらかい上にねばり気もあるから、息でふくらますこともできる。冷えると、その形のままだんだんと固くなるよ。

ウェッジウッドの話

イギリス人のとう芸家ジョサイア・ウェッジウッド（1730〜1795年）は、焼き物の製造所を開いて、おしゃれな器をつくった人。彼の作品では、独特の青と白のつぼがとくに有名だ。かまの内部の温度をはかる高温計も発明したよ。

AMAZING METALS
いろいろな金属

金、アルミニウム、銅、銀……わたしたちは金属に囲まれて生きている。金属は土からとれる自然の物質だよ。はい色や銀色でかたいものが多くて、どれも技術者にはかかせないんだ。

> だいじな **ポイント**

じょうぶな材料

ほとんどの金属は、割れにくくて、かたくて、強い。たいてい、引きのばしてワイヤーにしたり、たたいて板にしたりできる。だから、建物をたてたり、工具や機械（コンピューター、車、飛行機など）をつくったりするのにべんりなんだ。

多くの金属は、土にうまっている鉱石にふくまれているよ。鉱石から金属をとり出す方法はいくつかある。せいれんという方法では、鉱石を熱でとかしてから、とけ出た金属を種類ごとに分けるんだ。

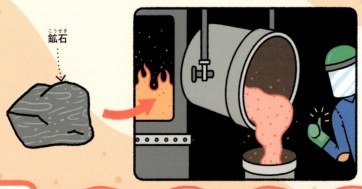

鉱石

> ものごとのしくみ

鉄をとり出す高炉のしくみ

鉄は、高炉というきょだいな容器を使って鉱石からとり出される。コークス（石炭からつくった燃料）と石灰石を一緒に熱することで、化学反応によって鉄から不純物をとり除き、鉱石から鉄だけをとり出すことができるんだ。

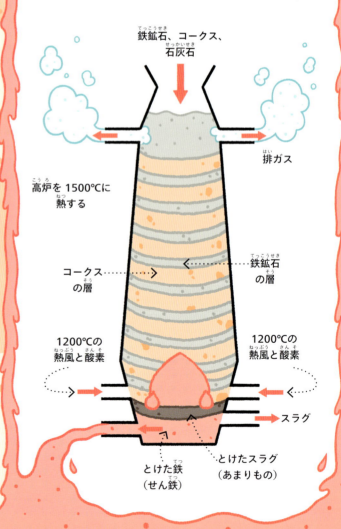

鉄鉱石、コークス、石灰石

高炉を1500℃に熱する

コークスの層

鉄鉱石の層

1200℃の熱風と酸素

1200℃の熱風と酸素

排ガス

スラグ

とけた鉄（せん鉄）

とけたスラグ（あまりもの）

やってみよう

金属の強さを調べよう

金属のとくちょうを実感してみよう。

必要なもの

- ✓ えんぴつ
- ✓ ノート
- ✓ 直角の角（テーブルのふちなど）
- ✓ 銅、アルミニウム、ステンレスチールなど、3種類の金属のワイヤー（ステンレスのワイヤーの代わりにゼムクリップでもいいよ）

ワイヤーやテーブルのふちで手をけがしないように注意！

① ヨコ3列のかんたんな表を書き、それぞれの列のいちばん上に金属の名前を書く。

② ゼムクリップを「S」字の形に開く。

③ かたい角にゼムクリップを押しつけて、直角に曲げる。そのあと、同じところをまっすぐの形にもどす。この「曲げてからまっすぐにもどす」を1回とかぞえ、クリップが切れるまでくり返そう。

④ ほかの2つのワイヤーでも③をやり、何回でワイヤーが切れたかを表に書く。このように、何回も同じところを曲げたりのばしたりすると、金属が切れてしまうことを金属疲労というよ。

⑤ どのワイヤーがいちばん強いかな？ それはなぜだろう？ 太いからかな？ できたら、太さも長さも同じワイヤーで同じ実験をしてみよう。

実験のかいせつ

ワイヤーのかたさや曲げやすさは、金属によってちがう。アルミニウムや金は、やわらかい金属の代表だ。曲げに弱くてすぐに折れてしまう金属もあるけれど、そういう金属はがんじょうだったり、べつの場面でかつやくしたりするよ。鉄は、がんじょうだし、のばしても切れにくい。だから、橋やビルなどのいろいろな部品に使われているんだ。

グイッ！

知ってる？

べんりな複合材料

金属のように見えて、じつは目的にあわせてべつの物質をまぜてある材料も多い。金属どうしをまぜたものは複合材料（合金）という。セラミックスやプラスチックをまぜたものも複合材料とよぶよ。たとえばテニスラケットは、強くて軽い物質をまぜたものでできている。複合材料のほとんどは人がつくったものだけれど、天然の複合材料も少しだけあるんだ。

FANTASTIC PLASTIC

強くて軽いプラスチック

プラスチックでできたものは、身のまわりにあふれている。食べ物の容器に、おもちゃ、さらには電話にもプラスチックが使われているよ。プラスチックが人気なのは、強くて軽いだけじゃなく、いろいろな形をつくれるからなんだ。

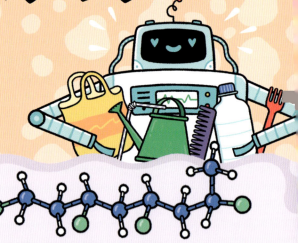

だいじな ポイント

ほとんどのプラスチックは合成材料（人工のもの）で、石油、石炭、ガスなどからつくられることが多いよ。

プラスチックはポリマーの仲間だ。ポリマーとは、おもに炭素や水素をふくむ分子が、くさりのように長くつながったもののこと。分子のくさりは、化学反応によってできるよ。

やってみよう

プラスチックをつくろう

ゴムみたいなプラスチックをつくっちゃおう！

必要なもの
- ☑ 大人の人
- ☑ 牛乳（低脂肪でないもの）
- ☑ 計量カップ
- ☑ 酢
- ☑ 小さじ
- ☑ なべ
- ☑ ボウル
- ☑ 目の細かいざる
- ☑ コンロ

⚠ ヤケドに注意

1. 大人の人に手伝ってもらいながら、牛乳150ミリリットルを火にかけ、ふつふつするまで加熱する。

2. 酢小さじ4を加える。

3. ダマができるまでかきまぜたら、なべを火から下ろす。

4. なべの中身をざるでこしながらボウルにあける。

5. ざるにのこったかたまりどうしをつぶし合わせて、好きな形をつくろう。

実験のかいせつ

やったね！これでゴムみたいなプラスチックの完成だ！ほかのプラスチックと同じように、これも、ひものような長い分子でできているよ。分子の正体は、カゼインというタンパク質。**酸性**の酢によって、牛乳のタンパク質と脂肪がバラバラになり、タンパク質だけがかたまりになったんだ。

脂肪
タンパク質

18

やってみよう

もののせいしつを調べよう

今回の実験は……プラスチックと金属のちがいを調べるよ！

必要なもの
- ☑ 大人の人
- ☑ プラスチックでできた小さなもの（ペットボトルのふたなど）
- ☑ 金属でできた小さなもの（カギなど）
- ☑ 磁石
- ☑ テープ
- ☑ ハンマー（かなづち）
- ☑ マグカップ
- ☑ やかん

1 プラスチックや金属でできたものに磁石を近づけてみよう。

2 同じ高さから、かたいゆかに落としてみよう。

3 大人の人に手伝ってもらいながら、やかんからマグカップにお湯をそそぐ。集めたものをテープでマグカップにはる。5分待ったら、それぞれを手でさわってみよう。

4 外に行き、ものを地面において、ハンマーで同じ力でたたいてみよう。

⚠ ハンマーやお湯でけがをしないように注意！

ものごとのしくみ

実験を通して、金属とプラスチックのちがいがわかったかな？ 金属はみんなかたくて、熱伝導率（熱の伝わりやすさ）が高く、なかには磁石にくっつくものもある。プラスチックは磁石につかないし、熱も伝わりにくい。それに、ゆかに落とせばよくはねて、金属よりもやわらかいものが多い。ほかにどんな実験ができるか考えてみよう！

クイズコーナー

つぎのものは、金属とプラスチックのどっちでつくるのがいいかな？理由も考えてみよう。

1 モンスターのおり
2 子ども用のボール
3 南極のハイテクな基地

こたえは、この本の76ページにあるよ

19

TERRIFIC TEXTILES
繊維のからくり

かっこいいファッションから、きれいな模様のカーペットまで、身のまわりにはたくさんの編物や、織物の布があるよね。だけど、織物ってどうやってできているんだろう？くわしく見てみよう！

➡ だいじな ポイント

織物のつくりかた

繊維という細長いものをつむぐと、毛糸や糸ができる。天然の繊維には、ウール（ヒツジの毛）、綿（ワタという植物からとれる）、絹（カイコガからとれる）などがある。ほかに、**ポリエステル**や**ナイロン**などの合成の（人工）繊維もあるよ。毛糸や糸を織ると、織物になるんだ。

カイコガの幼虫

ワタ

やってみよう

織物の性質を調べよう

① 古布を手にまき、氷をつかんでみよう。いちばん手が冷えにくい布はどれかな？冷たさを感じるまでの時間をノートに書こう。

ひんやり！

② それぞれの古布を、同量の水が入ったコップにひたしてからゆっくりとり出し、コップにのこった水の量をくらべよう。少ない方が、水をたくさんすったことがわかるよ。結果をノートに書こう。

ぎゅっ！
ずばーッ！

③ それぞれの布を同じ力でのばしてみよう。のびやすいもの、形がかわってしまうものはどれだろう？この結果もノートに書いてね。

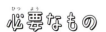
やけどに注意！
氷は手で直接さわらないでね！

必要なもの
- ☑ 時計
- ☑ コップ
- ☑ 水
- ☑ 氷
- ☑ ノート
- ☑ 同じ大きさで同じ厚みの、ウールや綿など、天然素材でできた古布
- ☑ ポリエステルやナイロンなどの合成繊維でできた古布
- ☑ えんぴつ

20

実験のかいせつ

天然繊維と合成繊維のちがいに気づけたかな？ 織り目がゆるいウールは、空気をふくんでいるから着ると暖かい。ナイロンは織目がきつくて、水をすいにくい。綿は水をいっぱいすうし、着るとすずしいよ。

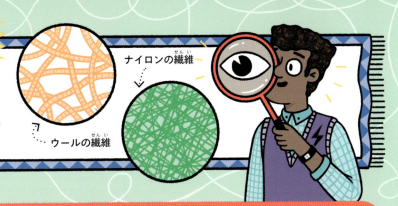

やってみよう

織物をつくってみよう

織物のしくみを体験できる実験だよ！

必要なもの

- ✔ かたいダンボール（タテ・ヨコ 15センチメートルくらい）
- ✔ はさみ
- ✔ 毛糸または糸
- ✔ 古布（いろんな色や模様のものがあるとバッチリ）
- ✔ じょうぎ
- ✔ えんぴつ
- ✔ 布用ボンド

1. ダンボールの両はしに、偶数本の線を引く。線の間かくは1.5センチメートルにして、反対側の線と位置がずれないようにする。

2. 線にそってはさみで切りこみを入れる。毛糸を左上の切りこみに引っかける。毛糸のはしを引っかけるのではなく、10センチメートル以上あまらせて引っかける。つぎに、反対側に糸をわたし、いちばん上の切りこみに引っかける。毛糸を裏側にまわし、反対側の上から2番目の切りこみに引っかける。

3. ②をくり返していき、ダンボールのすべての切りこみに毛糸を引っかける。

4. ダンボールの裏側で毛糸のはしとはしを結び、余分な毛糸を切る。

5. 古布をはば1センチメートルの細長い形に切る。たての長さは「ダンボールのたての長さ＋2センチメートル」にする。

6. 結び目がないほうの面を上にむけ、古布を毛糸の上、下、上、下…と交互にくぐらせる。布のはしをダンボールの裏面にボンドでとめる。

実験のかいせつ

できた作品は、りっぱな織物だよ！ ダンボールは、織物を織るための織り機の代わりをはたしたよ。

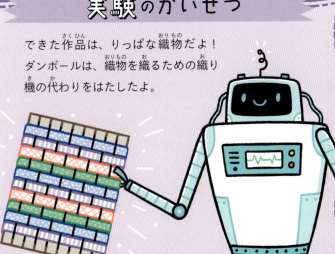

21

MAKE YOUR MARK

ものに色をつけてみよう

機械やコンピューターだけじゃなく、染めたり印刷したりするためのインクもテクノロジーの仲間だよ。色のテクノロジーを利用して自分を表現してみよう！

やってみよう

布を染めてみよう

大昔の人たちは、動物や植物からつくった天然の**染料**を使って、どうくつに絵をかいた。それからすぐに、布を染める方法を発見したんだ。いまは合成の染料を使うことが多いよ。

必要なもの

- ☑ 大人の人
- ☑ 白い綿のTシャツ
- ☑ 輪ゴム
- ☑ むらさきキャベツ
- ☑ 酢
- ☑ ゴム手ぶくろ
- ☑ よごれてもいい服
- ☑ 目の細かいざる
- ☑ 大きめのなべ…2つ
- ☑ 塩
- ☑ コンロ

⚠ **やけどと よごれに 注意！**
Tシャツは色移りしないように、しばらくはほかの服とわけて洗おう。

1 よごれてもいい服に着がえ、ゴム手ぶくろをはめる。これでよごれても平気だ！

↑輪ゴム

2 白いTシャツをたたみ、上のように輪ゴムでとめる。

酢

3 水2リットルと酢500ミリリットルをなべに入れる。大人の人に、なべを火にかけてもらう。ふっとうしたらTシャツを入れ、10分ふつふつと煮る。

むらさきキャベツ

4 むらさきキャベツを千切りにしてべつのなべに入れ、ひたひたにつかるくらいの水を加える。大人の人に、10分ふつふつと煮てもらう。これが染料になるよ。

5 ゴム手ぶくろをしてTシャツを冷水につけ、しっかりとしぼる。

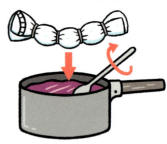

6 染料ができたらキャベツをざるでこし、染料にTシャツをつける。少なければお湯を足し、よくまぜる。

7 Tシャツが濃いむらさき色に染まったら、水道水ですすぐ。水に色がつかなくなったら、Tシャツを塩水につける。これで染料が落ちにくくなるよ。

ジャー！

8 ゴム手ぶくろをはずし、Tシャツをほす。かんそう機でかわかすと、あとで洗濯したときにほかの服に色が移りにくいよ。

実験のかいせつ

これで、しま模様のむらさきのシャツができたね！でも、どうして繊維に色がついたんだろう？じつは、むらさきキャベツにはアントシアニンという、天然の色素がふくまれている。酢は、色素を赤むらさきにかえるために使ったよ。塩水につけることで染料の分子が繊維の分子にくっつきやすくなるよ。

やってみよう

活版印刷にちょうせん

活字のかわりに身近なものを使って活版印刷をしてみよう。

必要なもの

- ✓ 家にある小物…6つ（ねじ、ナット、消しゴム、ブロック、半分に切ったじゃがいもなど）
- ✓ 絵の具…6色
- ✓ 紙
- ✓ えんぴつ

1 6つの形と6色の絵の具を使って、アルファベットの26文字を表現するよ。たとえば、「赤の絵の具＋プラスねじ」で「A」というふうにね。どの文字を何であらわすか、紙に書こう。いろいろな組み合わせがあるから、数字をあらわす記号もつくれるはずだよ。

 赤＋プラスねじ＝A
 青＋ナット＝B
 緑＋ブロック＝C
 黄＋じゃがいも＝D
 オレンジ＋消しゴム＝E
 むらさき＋ふた＝F

2 きみが発明したアルファベットを使って、自分の名前を印刷してみよう。印刷といっても、小物に絵の具をつけて、紙に押しつけるだけだよ。絵の具をつけすぎないように注意しよう。

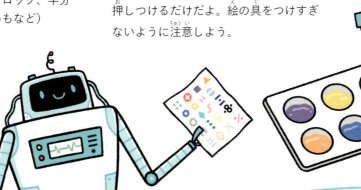

実験のかいせつ

印刷ができたね！昔は、こんな感じで本などを印刷していたよ。活字という金属や、木でできた文字を一つひとつケースにならべて、機械で紙に押しつけていたんだ。印刷したときに正しい順になるように、文字は読むときと逆に右から左にならべなくちゃいけなかったんだよ。

Paper Power!
紙はスゴい!

紙はあまりにも身近すぎて、毎日使っていることを忘れてしまうよね！ でも、紙がなければくらしていけない。紙のすごさをくわしく見てみよう！

1. 木をばっさいする（切る）
2. 丸太をチップにする（細かくする）
3. 木のチップに水などを混ぜて、繊維をとり出し、パルプをつくる
4. 押しつぶしてかわかし……
5. 決まった大きさに切ったら完成だ！

ものごとのしくみ
紙ができるまで

がっしりした木から、ぺらぺらの紙ができるなんてフシギだよね。紙のつくりかたを見てみよう。

やってみよう
ちょっとかわった水の実験

この実験では、水が橋をわたるよ。そのヒミツは、紙のつくりにある。え、そんなはずはない？ やってみればわかるよ！

必要なもの
- ✔ 青の食紅
- ✔ 黄色の食紅
- ✔ 水
- ✔ ペーパータオル
- ✔ ティッシュペーパー
- ✔ ガラスのコップ…3個
- ✔ スプーン…2本

1 ガラスのコップ2個に $\frac{2}{3}$ まで水を入れる。片方に青の食紅をまぜて、濃い青をつくる。もう片方のコップに黄色の食紅を入れてまぜる。

青の食紅　　黄色の食紅

2 ペーパータオルをたてに半分に折り、もう一度たてに半分に折る。同じものをもう1つつくる。

ペーパータオル

3 青と黄色のコップの間に空のコップをおき、右の絵のようにペーパータオルで橋を2つわたす。どうなるかな？ ティッシュでも同じ実験をしてみよう。

青　　　　　黄色

実験のかいせつ

色のついた水は、2つの紙の橋をわたっていく。そして、真ん中のコップで青と黄色がまざって、緑色の水ができるんだ！でも、どうして水が上に流れるんだろう？じつは、紙はセルロースという、ものすごく細かい天然の繊維でできている。これは紙の原料の木から来ているんだ。セルロースのすきまが水を引きよせ、水の分子もおたがいに引きよせあうから、水がどんどんペーパータオルに染みこんでいくというわけ。ペーパータオルもティッシュもすきまが多いから、水をたくさんすい上げるよ。

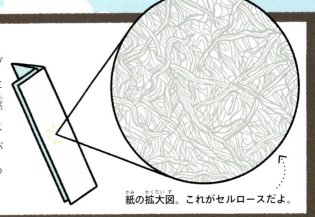

紙の拡大図。これがセルロースだよ。

やってみよう

紙でゲームをしよう

必要なもの
- ☑ 白いおりがみ（または四角い白い紙）
- ☑ はさみ
- ☑ 色えんぴつ

1 正方形でない紙の場合は、右の辺と上の辺がぴったり重なるように折り、左側にできた長方形の部分を切り落として正方形の紙をつくる。

2 4つの角を中心にむかって折る。

3 裏返し、また4つの角を中心にむかって折る。

4 ふたたび裏返す。4つの小さい正方形に、それぞれべつの色をぬる。

5 もう一度裏返す。小さい三角形に1〜8の番号を書く。

数字を書く

6 三角形を開き、数字の裏側にメッセージを書く。「おもしろい人に会える」とか「楽しい場所にいける」とか、何でもオッケー！

7 色をぬった面を上にむける。数字の面がかくれるように半分に折り、両手の人さし指と親指を4つのすきまに入れる。

8 友だちに色をえらんでもらう。色の名前のひらがなの文字数だけ、口をパクパクさせるみたいに、タテ、ヨコ、タテ、ヨコと紙を動かす（たとえば「赤」は「あか」だから、2回動かす）。

9 友だちに好きな数字をいってもらい、その数だけ、また紙を動かす。とまったところで見える数字から1つえらんでもらい、その数字の三角形を開き、裏側のメッセージを読む。

実験のかいせつ

紙はぺらぺらだけど、折り曲げていろいろな形をつくりやすい。繊維が多かったり、長かったり、ふくざつにからまったりしている紙は、特にじょうぶだよ。さらに、樹脂などの物質をまぜてもっと強くすることもできるんだ。

GO WITH THE FLOW
液体を運ぶしかけ

穴からもれたり、じゃ口からしたたったり、どこへでもかってに流れたりしてしまう……。水って、自分で考えているみたいに動くよね！じゃあ、いったいどうやってコントロールしたらいいかな？

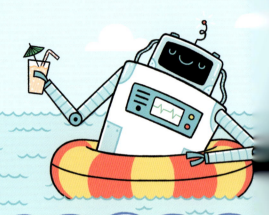

だいじな ポイント

水を運んだり、ためたりする道具

人間は水をコントロールするために、大昔から工夫をしてきた。2000年以上前の古代エジプトでは、作物に水をやるために、水路、はねつるべ、アルキメデスのスクリューが使われていたし、古代中国では運河にこう門がたてられた。いまでは、ビルの上にある貯水そうにも、**ポンプ**で液体を運んで使っているものもあるよ。

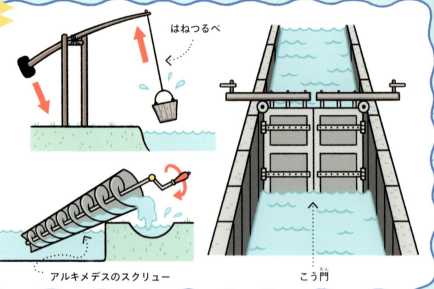

はねつるべ / アルキメデスのスクリュー / こう門

やってみよう

身近なポンプで実験

毎日の生活でかつやくしているポンプのしくみを知ろう。

必要なもの
- ☑ 水
- ☑ シャンプーやハンドソープなどのポンプ
- ☑ ガラスのコップ…2個

① ポンプをしっかり洗って、せっけんを落とす。

ジャーッ！

② 片方のコップに水を入れ、ポンプのチューブの先を入れる。ノズルの下にもう片方のコップをおき、ポンプの頭を何度も押す。

実験のかいせつ

ポンプのしくみを説明するよ。

1. ピストンがチャンバー内に押し下げられる。

2. チャンバー内の水が、ピストンの中の空どうに押しこまれ、ノズルの口から水が出る。チャンバーが空になる。

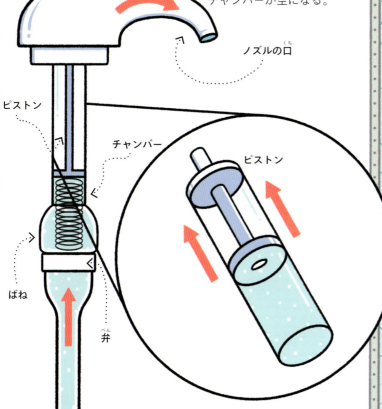

3. ばねによってポンプが元の位置にもどると同時に、コップからチューブの中に水がすい上げられる。水は弁を通って、チャンバーの中に入る。

4. ふつうなら水は下に流れるはずなのに、どうしてチューブをのぼっていくのかな？ そのこたえは、空気の圧力（空気圧）にある。空気がコップの水の表面をずっと押しているから、水はチューブを通って、空気圧がとても低い空のチャンバーまでのぼっていくんだ。

知ってる？

心臓もポンプの仲間

きみの心臓も、血を体中に送るポンプだ。送り出される血には、生きていくために必要な、肺でとりこんだ酸素がふくまれているよ。

肺からの血は、動脈という血管を通って心臓から出ていく。それから、毛細血管というもっと細い血管を通り、体のすみずみの細胞に運ばれる。細胞が酸素を受けとったら、血は静脈という血管を通って心臓にもどる。

心臓がドキドキするときに、弁が開いたり閉じたりして、血の流れをコントロールしているんだ。よくできているよね！

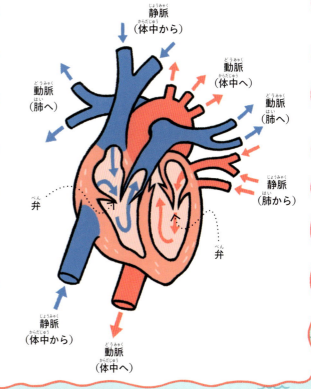

アルキメデスの話

シチリア島生まれのアルキメデス（紀元前287年ごろ～212年ごろ）は、ギリシャ人の数学者で、発明家でもあった。アルキメデスがつくったスクリューは、つつの中でスクリューを回すことで、低い場所から高い場所に水を運べるんだ。

27

MUSCLES ON THE MOVE

荷物をラクに運ぶには…？

「この荷物をあそこまで運んでよ」といわれたら…？ 技術者なら、きっと、いちばんラクに運ぶ方法を考えるよ。ものを運ぶ道具を見てみよう！

やってみよう

手押し車をつくろう

手押し車って、なんだか古めかしいけれど、いろいろな技術がつまってるんだ。つくってたしかめよう！

必要なもの

- ☑ 大人の人
- ☑ ふたのない厚紙の箱（タテ10センチメートル、ヨコ10センチメートルくらい）
- ☑ 重り（何でもよい）
- ☑ 箱のはしからはしまで届く竹串…3本
- ☑ ガムテープ
- ☑ はさみ
- ☑ ダンボール
- ☑ 小さくて丸いもの（ペットボトルのふたなど）
- ☑ えんぴつ

竹串の先やはさみに注意！

1 箱に重りを入れ、ゆかの上を押したり引いたりしてみよう。

2 重りを出す。箱のふち全体にガムテープをはる。その部分に、間かくを大きくあけて竹串を2本さす。竹串の先のとがった部分を切る。竹串が動かないようテープでとめる。

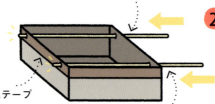

3 箱の前側の、底に近いところに竹串をさし、左右から少し飛び出させる。竹串はぐるぐる回るようにする。

4 小さくて丸いものを使ってダンボールに2つの円をかき、その線にそって切る。これが車輪になるよ。車輪の中心からふちまでのきょりが、③の左右に飛び出させた竹串からゆかまでのきょりよりも長くなるようにしてね。③の竹串を車輪の中心に通そう。

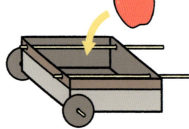

5 さあ、手押し車で実験だ！ ①と同じ重りを箱に入れ、②の竹串のはしをもって、押したり引いたりしてみよう。

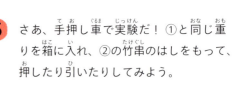

実験のかいせつ

手押し車の2つのもち手の先には、支点があって、そこに車じくと車輪がついている（10ページ）。てこのはたらきをするから、もち手をもち上げると荷物側に大きな力がかかって、荷物を軽々ともち上げられるんだ。それから、車輪があるおかげで、荷物をラクに運ぶことができる。これは、まさつ力（表面と表面がこすれるときにはたらく力）が小さくてすむからなんだ。かといって、まさつが小さすぎても、車輪はころがりにくい。だから、ツルツルの面よりも、少しデコボコがある面のほうがころがしやすいんだよ。

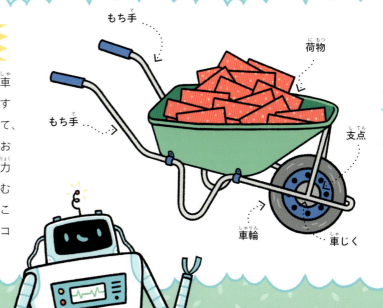

ものごとのしくみ

自転車のしくみ

手押し車と同じように、自転車にも、ラクに移動するための車輪、車じく、ハンドルがついている。自転車にはさらに、力を加えるペダルと、その力をコントロールする歯車（ギア）がうしろにもある。歯車には、車輪の回転の速さと、車輪を回すのに必要な力を伝えるはたらきがあるよ。自転車の歯車は、ペダルとチェーンでつながっている。こぎながらうしろの歯車を、小さい歯車から大きい歯車にかえれば、上り坂でも楽に走れるんだ。

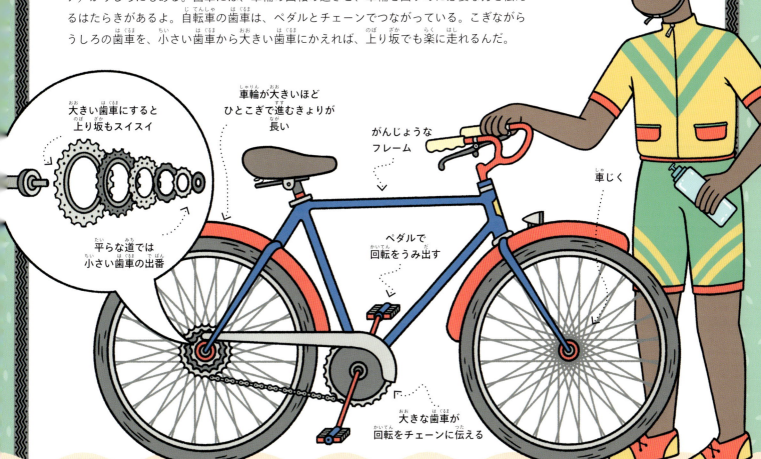

POWERING AHEAD

パワフルな
モーターのヒミツ

機械が好きなら、自転車のスピードくらいじゃ、まんぞくできないかな？ 乗り物はやっぱり、とびっきり速くなくちゃね！ そこで、エンジンの出番だ。かっ飛ばす準備はいい？

→ だいじな **ポイント**

動力に求められるもの

乗り物用の動力には、乗り物を動かせるパワーと、あるていどの軽さが必要だ。重すぎるとスピードが出ないからね。エネルギー源もいるけれど、それも重すぎたらダメだ。あとは、安全性もかかせないね！

列車と車のちがい 2つを比べてみよう

比べよう	列車	車（乗用車）
車輪	たくさん！	ふつうは4つ
走るところ	線路。車輪とレールのまさつを利用して走るんだ。ブレーキのときも、まさつを利用するよ。	ふつうは道路を走る。電車と同じように、車もタイヤと道路のまさつを利用して走るよ。
エネルギー源	列車のエネルギー源は、ディーゼル用の軽油か、蒸気をつくる石炭、電気などだ。電気は、レールや電線からもらう。	車のエネルギー源は、ガソリンか、軽油などだ。電気で動く車もあるよ。
運転	列車には、車のようなハンドルはない。車輪はレールにそって走る。	車にはハンドルがあって、ふくざつなシステムで車をコントロールするんだ。
坂道	列車は急な坂はのぼれないよ。	右の絵は35度の坂だけれど、これより急な坂でもへっちゃらな車もあるよ。
運べる重さ	列車は、何千キログラム、何百トンもの荷物を運べる。1トンは、およそ小さい車1台分の重さだよ。	エンジンを2つのせている車もある。1トン以上運べる乗用車はほとんどないよ。

30

知ってる？

蒸気機関をつんだ車

昔は、蒸気機関をつんだ車もあった。でも、水がいっぱい必要だったし、石炭などの固形のエネルギー源も燃やさなきゃいけなくて、走るのはかんたんじゃなかったんだ。蒸気機関は、列車みたいに大きくて重い乗り物にはむいていたけれど、車とは相性がわるかったんだね。

やってみよう

運転の練習をしよう

将来にそなえて、いまから運転の練習だ。手をふれずに車を動かすよ！

必要なもの
- ☑ 小さなおもちゃの車
- ☑ 強い磁石…2個
- ☑ マスキングテープ

1. おもちゃの車の屋根に、磁石をマスキングテープでとめる。

2. ゆかにマスキングテープをはって、道路をつくる。しょうがい物もおいてみよう。

3. 道路の上に車をおき、もう1つの磁石を使って車を動かす。N極またはS極を、車の磁石の同じ極に近づけよう。磁石が反発しあって、車を前後に動かせるよ。

実験のかいせつ

磁石の反発力が車の進む力になるよ。近づける磁石の向きをかえると、バックさせることもできるね。磁石をいきおいよく近づけると、車のスピードは上がるよ。ためしてみよう！

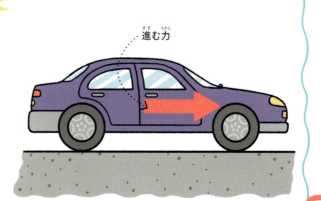

31

Float that boat

船が水にうかぶのはなぜ…？

あんなに重いのに水にうくなんて、船はすごいよね。でも、どうしてしずまないのかな？エンジンもないのにヨットがスイスイ進めるのはなぜだろう？水の上でかつやくする乗り物を見てみよう！

→ だいじな **ポイント**

浮力

水にものを入れると、重力（地球がものを下に引っぱる力）だけじゃなく、水がものを上に押し返す力もはたらく。この力を、浮力というよ。浮力がはたらくから、船のように重くても、体積が充分大きいものは水面にうかぶことができるんだ。

知ってる？

潜水艦のフシギ

潜水艦は、海面にうかぶことも、海底にしずむこともできるよね。そのヒミツは、タンクにあるんだ。タンクを水でいっぱいにすると、潜水艦が重くなって海底のほうへしずむ。タンクから水を出して空気を入れると、こんどは水より軽くなるから、海面に顔を出せるというわけなんだ。

32

やってみよう

ヨットの模型をつくろう

必要なもの

- ✓ 大人の人
- ✓ ペットボトル
- ✓ 発ぽうスチロール（ペットボトルのはばより少し大きいもの）
- ✓ 竹串またはストロー
- ✓ はさみ
- ✓ 紙
- ✓ ガムテープ
- ✓ セロハンテープ
- ✓ 厚紙
- ✓ 10円玉…2枚

手を切らないように注意！

実験のかいせつ

この船は、大きな浮力がはたらくから水にうくよ！ほに息をふきかけてみよう。本物のヨットみたいに、ほが息の力を前進する力にかえて、水の上を進むよ。ほのむきをかえたり、形をかえたりしてみてね。ペットボトルを2つ使って、そうどう船（船体が2つある船）をつくってみるのもいいかも。

1. 大人の人に手伝ってもらいながら、ペットボトルを右の絵のように切る。けがをしないように、ふちにセロハンテープをはろう。

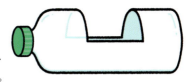

2. 発ぽうスチロールを船の真ん中におき、セロハンテープで固定する。

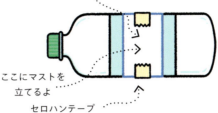

3. 厚紙を三角形に切り、真ん中に竹串かストローをおき、セロハンテープでとめる。竹串またはストローが内側になるように厚紙を半分に折り、開かないように厚紙をセロハンテープでとめてマストにする。

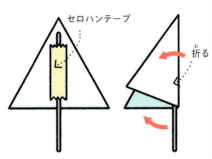

4. 長方形の厚紙を半分に折り、左の図形をかく。厚紙を折ったまま、図形のとおりに切る。

5. 厚紙を開き、折り目の両側にセロハンテープで10円玉をはる。10円玉が内側になるように折り、セロハンテープでとめる。長方形の耳を外側に折る。これで、船を安定させるりゅう骨の完成だ。

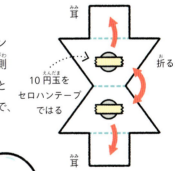

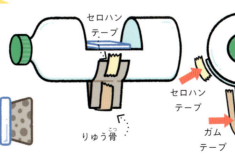

6. ⑤のりゅう骨の耳を、船の底にセロハンテープでとめる。りゅう骨の先をガムテープでおおう。こうすると水がしみにくいよ。

7. 発ぽうスチロールに、③のマストをさす。船を水にうかべてみよう！ものをのせて、浮力をためしてみるのも楽しいよ。

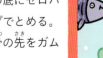

SUPER SPEEDY BOATS

超スピードで進む船

なんだなんだ？ 風がやんで船が止まってしまった……。でも、心配はいらないよ。べつの方法で船を動かせばいい。風だけじゃなく、オールや、エンジンとプロペラでも船は動かせるよ！

ものごとのしくみ

オールで船を動かす

風がやんでも、オールでこいで船を動かすことができる。オールは、水をうしろに押して、船を前に進ませるというしくみだ。これは、アイザック・ニュートンの「運動の第3法則」で説明できるよ。

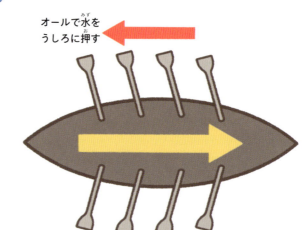

オールで水をうしろに押す

船が前に進む

だいじな ポイント

運動の第3法則

ニュートンが見つけた「運動の第3法則」は、ある物体が別の物体に力を加えると、その物体から反対向きに、同じ大きさの力を受けるという法則だよ。これは、どこでも起きている。たとえば、ゆかに立ったり、イスにすわったりしているときは、きみがゆかやイスを押しているけれど、ゆかやイスも同じ大きさの力できみを押し返しているんだ。そうじゃなかったら、きみは立つこともすわることもできない！

人がイスを押す力

イスが人を押す力

ニュートンの話

イギリスの物理学者アイザック・ニュートン（1643〜1727年）は、いくつもの運動の法則や、万有引力を考え出した人なんだよ。

34

やってみよう

ジェット船を つくろう

ジェット船のしくみがわかる、楽しい実験だよ。

必要なもの

- ☑ 大人の人
- ☑ 500ミリリットルのペットボトルとふた
- ☑ 重そう…大さじ1
- ☑ 酢
- ☑ ストロー
- ☑ きりやはさみ
- ☑ ゴム系接着剤
- ☑ 小さいじょうご

⚠ とがったものでけがをしないように注意！ストローの穴をふさがない。炭さん飲料用のペットボトルを使う

1. 大人の人に、きりやはさみでペットボトルのふたに穴をあけてもらう。

2. ストローを半分に切り、その片方をペットボトルのふたに通す。すきまを接着剤でうめる。

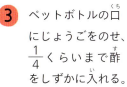

3. ペットボトルの口にじょうごをのせ、$\frac{1}{4}$くらいまで酢をしずかに入れる。

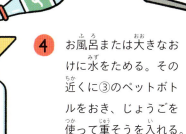

4. お風呂または大きなおけに水をためる。その近くに③のペットボトルをおき、じょうごを使って重そうを入れる。

5. すばやく②のふたをつけ、水の中にペットボトルを入れる。

6. 一歩下がって、かんさつしよう。

実験のかいせつ

酢と重そうが反応すると、二酸化炭素が生まれる。その一部がストローから飛び出して、水を押す。すると、水がペットボトルを押し返す。だから、二酸化炭素のふん射とは反対の方向に進むんだ。そう、これもニュートンの「運動の第3法則」だよ！

ものごとのしくみ

船のプロペラのしくみ

ほとんどのボートや船は、エンジンがついたプロペラで動く。プロペラが回ることで、船は前に進むことができるんだ。そのしくみを見てみよう。

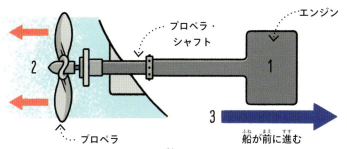

1. エンジンがプロペラ・シャフトを回す。
2. プロペラが回る。角度がついた羽根が、水をうしろに押す。
3. その結果、船が前に進む。気がついた？これもニュートンの「運動の第3法則」だね！水をうしろに押すことで、それと同じだけの力が反対の方向にはたらくんだ。

FEARLESS FLYING
飛行機を支える科学

空を見上げたときに、飛行機を見かけたことはあるかな？どうして落ちてこないんだろうね？飛行機がずっと飛んでいられるヒミツを見てみよう。

やってみよう

どこまでも飛んでいけ！

かっこいい紙飛行機をつくって、遠くへ飛ばしてみよう！

必要なもの
- ☑ 長方形のしっかりした紙または厚紙
- ☑ じょうぎ
- ☑ セロハンテープ
- ☑ はさみ
- ☑ ゼムクリップ

① 紙を半分に折って、右のAの破線の位置に折り目をつける。この実験では、折ったら毎回じょうぎでおさえて、しっかり折り目をつけよう。

② 左から $\frac{1}{8}$ だけ折って、折り目をつける。

③ 左の辺と②の折り目が重なるように折る。

④ 左の絵のように、左の辺と①のAの折り目が重なるように折る。

⑤ ①のAの折り目で紙を半分に折ってから、右の絵のように折ってつばさをつくる。

⑥ 左右のつばさの間をテープでとめる。それぞれのつばさの後ろに、0.5センチメートルの長さの切りこみを2つずつ入れる。切りこみの間の部分を少し上に曲げる。この部分はエレボンというよ。

⑦ 飛行機の先たんをゼムクリップではさむ。左右のつばさの前側を少しだけ下に曲げる。

⑧ 飛ばしてみよう！飛行機の先を上にむけて飛ばしてね。

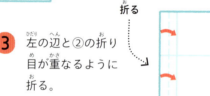
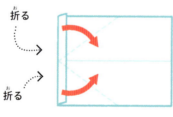
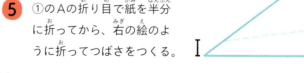
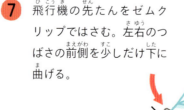

実験のかいせつ

紙飛行機は、手の力によって上に飛ばされる。紙飛行機は流線形をしているから、空気による抗力（ものを押しもどす力）があまりかからない。つばさのエレボンは、風を受けて、飛行機の先たんを上にむきやすくするよ。エレボンをたおして飛ばすと、どうなるかな？

ものごとのしくみ

飛行機はどうして飛べるの？

飛行機やグライダーが飛べるヒミツは、つばさの形にある。この形を翼型というよ。つばさの曲がりによって空気の流れが曲げられて、空気がななめ下に多く流れるようになる。この反作用で機体がうくと考えられているんだ。エンジンがついたプロペラは、飛行機を前進させる役割があるよ。

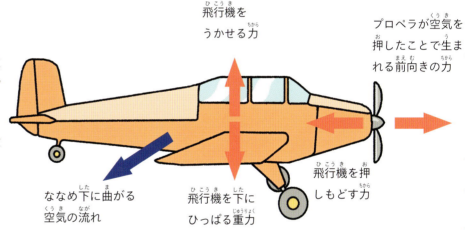

飛行機にはたらく力

飛行機をうかせる力

プロペラが空気を押したことで生まれる前向きの力

ななめ下に曲がる空気の流れ

飛行機を下にひっぱる重力

飛行機を押しもどす力

ライト兄弟の話

アメリカ人の発明家オービル・ライト（1871〜1948年）とウィルバー・ライト（1867〜1912年）は、1903年にエンジンつきの飛行機をつくって、世界ではじめてそれの飛行に成功した兄弟だよ。飛行機の全部の部品をテストして、グライダーとして飛ばしてみてから、エンジンとプロペラをつんで飛んだんだ。

37

JUMPING JET POWER

ジェット・エンジン

プロペラ飛行機はものすごく速いけれど、ジェット機や宇宙用の乗り物は、もっとずっと速くなくちゃいけない。だから、ジェット・エンジンが必要なんだ。シートベルトをしめて、さあ、飛び立とう！

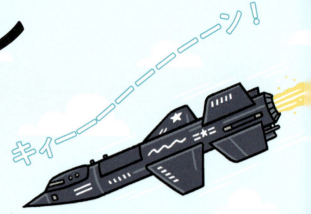

やってみよう

たったの3秒で実験

この本の中で、いちばん短くて、楽しい実験だよ。風船と、きみの2つの肺だけでできちゃうんだ！

1 風船をふくらます。
2 手をはなす！

必要なもの
- ✔ 風船
- ✔ きみ

実験のかいせつ

アイザック・ニュートンのとってもべんりな「運動の第3法則」をフル活用！手をはなすと風船の空気がうしろにふき出るから、風船を前に進める力がはたらくんだ。ジェット・エンジンをつんだ飛行機も、これと似たしくみで飛んでいるよ。

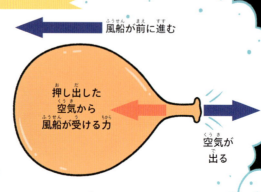

風船が前に進む

押し出した空気から風船が受ける力

空気が出る

38

ものごとのしくみ

ジェット・エンジンのしくみ

最近の飛行機は、ほとんどジェット・エンジンをつんでいる。ジェット・エンジンは、液体のエネルギー源を燃やして推力というパワフルな力を生み出すんだ。そのしくみを見てみよう。

1. 冷たい空気がエンジンに入る。
2. ローターで空気を押しつぶして、空気の圧力と温度を上げる。
3. 燃焼室で、空気とエネルギー源のつぶがまざる。このまざったものを、電気の火花で爆発させる。
4. ガスがうしろからふき出す。エンジンが前に進む。
5. 熱いガスのふん射でタービンが回る。

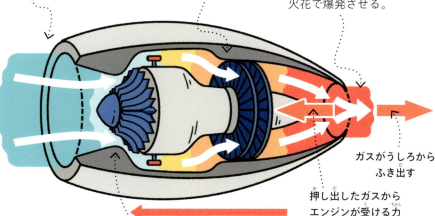

ガスがうしろからふき出す
押し出したガスからエンジンが受ける力
エンジンが前に進む

知ってる？

世界最速のジェット機

人が乗れる、これまででいちばん速いジェット機は、昔につくられたアメリカのX-15だ。音速の6倍、時速7200キロメートルで飛ぶことができたんだ。5時間半で地球を1周できる計算だよ。

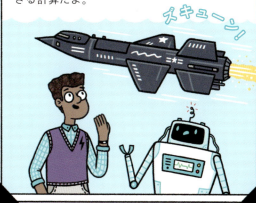

やってみよう

風船を回してみよう

ジェットの力をおうちでためしてみよう。

必要なもの
- ✔ 曲がるストロー
- ✔ 消しゴムつきのえんぴつ
- ✔ まち針
- ✔ 風船
- ✔ セロハンテープ

① ストローを直角に曲げる。

② 風船をストローの先にテープでとめる。息を入れ、風船がだらんとするくらいでやめる。

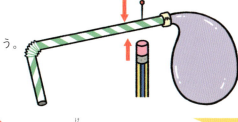

③ ストローを消しゴムにのせ、まち針でとめる。バランスがとれるように、風船よりもストローの曲がる部分から遠いところに、まち針をしっかりとつきさす。

④ ストローの飲み口から息を入れて風船をふくらまし、ストローの飲み口を手でおさえる。えんぴつをしっかりともち、飲み口から手をはなす。

実験のかいせつ

風船がぐるぐる回るはずだよ。ジェット・エンジンは、つばさと機体にしっかりとくっついているから、飛行機はまっすぐうしろにガスをふん射して前に進むことができるんだ。

39

MIGHTY MICROBES

何が起きてる？バイオテクノロジーの世界

機械だけがテクノロジーじゃない。生き物を使って新しいものをつくり出すバイオテクノロジーも、忘れちゃいけないよ。まほうのような、バイオテクノロジーの世界をのぞいてみよう。

→ だいじなポイント

バイオテクノロジー

バイオテクノロジーは、意外と歴史が古い。動物の飼育、植物のさいばい、パンづくりは、何千年も前からやっている。パンづくりでは、酵母という微生物（とても小さな生き物）を生地に加えるよ。酵母は、小麦粉の糖分を食べて二酸化炭素を出すという発こうによって生地がふくらむんだ。

酵母を使ったパンづくりは、何千年も前の古代アッシリアや古代エジプトで始まった。

やってみよう

ヨーグルトづくりにちょうせん

ヨーグルトづくりも、昔からあるバイオテクノロジーだよ。バクテリア（細菌）という微生物を使うことで、おいし〜いおやつができるんだ！

必要なもの
- ☑ 大人の人
- ☑ 牛乳…500ミリリットル
- ☑ 計量カップ
- ☑ 大さじ
- ☑ なべ
- ☑ 料理用の温度計
- ☑ きれいな布
- ☑ ボウル
- ☑ 新せんなヨーグルト（発こう後に殺菌していないもの）…大さじ4
- ☑ コンロ

⚠ なべでのやけどに注意！

1 なべに牛乳を入れる。大人の人に、85℃くらいまで加熱してもらう。温度は、料理用の温度計ではかろう。

2 牛乳を45℃まで冷ましてから、ヨーグルト大さじ4杯をまぜ入れる。

3 なべの中身をボウルに移し、きれいな布をかける。ヨーグルトができるまで、そのまま暖かい場所においておく。だいたい5〜8時間かかるよ。

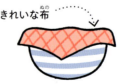

4 おいしいヨーグルトの完成だ！保管するときは冷蔵庫に入れて、できるだけ早く食べよう。

ウマっ！

実験のかいせつ

牛乳にはタンパク質の分子がふくまれている。加熱すると、タンパク質の分子が液体の中でほどけて、冷ましたときにダマができる。ヨーグルトには2つの種（タイプ）のバクテリアが入っていて、どちらも牛乳の中の糖分を食べて乳酸にかえる。この乳酸が、ヨーグルトならではの、ちょっとすっぱい味を生み出しているんだ。だから、フルーツやはちみつで甘くして食べる人が多いんだよ。

ヨーグルトのバクテリアを拡大すると…

塩基対

だいじな ポイント

遺伝子と遺伝子工学

生き物の体は、目に見えないくらい小さな細胞でできていて、細胞の中には、デオキシリボ核酸（DNA）という物質がある。DNAには、塩基対が含まれているよ。

塩基対の配列の順番は、細胞のふるまいを決める命令文に例えられるよ。DNAの中の、具体的な命令（「目の色は茶、または黒色にする」など）に対応する、塩基配列であらわされる遺伝情報を遺伝子とよぶんだ。この遺伝子を書きかえることで、生き物の性質をかえることができる。これを遺伝子工学といって、たとえば作物のDNAをかえて、病気にかかりにくくしたりできるんだ。

DNA分子

クイズコーナー

遺伝子の暗号をとこう

このパズルで使う下の2つの遺伝子は、それぞれママとパパのDNAの一部だよ。両方に「TAAT」がふくまれていたら、子どもの目の色は青になる。「CGGC」が片方または両方にあると茶色になる。遺伝子の暗号をかいどくして、生まれてくる子どもの目の色を当ててみよう。

ママ ＝ ATCGTAGCATTACGCGGCGCGCATATACGCG

パパ ＝ GCCGCGATTACGGCATATTATAGCGCCGTATA

こたえは、この本の76ページにあるよ

41

LET IT GROW!
作物の育てかた いろいろ

農業はコンピューターやロボットとは関係ない、なんて思っていたりしない？ それはごかいだ！ 農業にもテクノロジーは使われているよ。作物をすくすく育てるテクノロジーを見てみよう！

だいじな ポイント

農業技術

大昔にどこかのだれかが種をうえて、手づくりの野菜をむしゃむしゃ食べたときから、人間はずっと作物を育ててきた。水やり・しゅうかく・保管のための工具、機械、入れもの、システムなど、作物や動物を育てるための発明は、どれもみんなテクノロジーだよ。

スイカ

トウモロコシ

小麦

大昔からずっと育てられてきた野菜

知ってる？

農業の歴史

1. 作物のさいばいは、世界のいろいろなところで紀元前9500年くらいに始まった。それからすぐに、家ちくを育てたり、畑に水を引く「かんがい」をしたりするようになった。

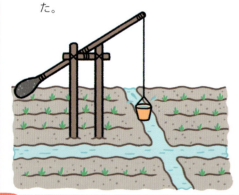

2. 19世紀までは、農業は人や家ちくの力にたよっていた。その後、蒸気機関やガソリン車が広まって、1901年にガソリンで動くトラクターがつくられた。

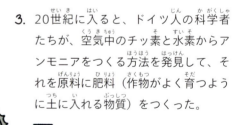

3. 20世紀に入ると、ドイツ人の科学者たちが、空気中のチッ素と水素からアンモニアをつくる方法を発見して、それを原料に肥料（作物がよく育つように土に入れる物質）をつくった。

42

ものごとのしくみ

水耕さいばいシステムのしくみ

信じられる？土がなくても植物は育つんだ！水分とミネラル、充分な光、空気、適温、それから根を支えるものがあれば、植物はある程度育つんだ。水耕さいばいは、土を使わずに容器の中で作物を育てるテクノロジーだよ。これなら、水と栄養の調整や監視もしやすいから、同じ品質の植物ができるんだ。

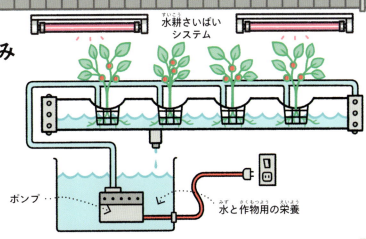

水耕さいばいシステム / ポンプ / 水と作物用の栄養

やってみよう

水耕さいばいにちょうせん

水耕さいばいを体験してみない？かんたんにできる方法を紹介するよ！

必要なもの

- ✔ 大人の人
- ✔ さいばい用の栄養
- ✔ わたを丸めたもの
- ✔ カイワレダイコンの種
- ✔ 2リットルのペットボトル（ふたをしめておく）
- ✔ はさみ
- ✔ はばの広いセロハンテープ

⚠ ペットボトルのふちに注意！

1 大人の人に手伝ってもらいながら、ペットボトルを真ん中で2つに切る。

2 ペットボトルの下半分に、栄養をふくめた水で少しだけしめらせたわたをしきつめる。
わたを丸めたもの

3 わたの上にカイワレダイコンの種をまく。
カイワレダイコンの種

4 ペットボトルの上半分をのせ、すきまができないようにテープでとめる。

5 そのまま何日かおいておく。わたがしめりすぎていたら、数時間ふたをあけておこう。わたがかわきすぎていたら、さいばい用の栄養をとかした水を何てきかたらそう。

実験のかいせつ

カイワレダイコンは、24～48時間で芽が出始めるよ。さらに光をあてて5～7日たつと、5センチメートルくらいの高さになって、つみとれるようになる。そのまま食べてもいいし、たまごサラダに入れてもおいしいよ。本物の水耕さいばいシステムと同じで、土を使わずにさいばいすることができるんだ。

24～48時間

5～7日

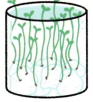

43

いのちをすくう、医りょうテクノロジー

かっこいいだけじゃない、とびきりステキなテクノロジーといえば……そう、いのちをすくう機械だね！医りょうは社会にかかせない。医りょうとテクノロジーがゆうごうした機械を見てみよう！

だいじなポイント

医りょう技術って何？

医りょう技術とは、わたしたちの健康を支えてくれる機械や製品、システムのこと。病気を見つけたり治したりできるんだ。薬や、臓器の代わりにはたらく人工臓器や人工関節も、医りょう技術の仲間だよ。

やってみよう

心臓の音を聞こう

自分の心臓のドキドキを聞ける、かんたんな道具をつくるよ。友だちの心臓の音も聞かせてもらおう。

必要なもの

- 小さめのじょうご（6センチメートル以下のもの）…2個
- はばの広いセロハンテープまたはガムテープ
- はさみ
- プラスチックのチューブ
- 風船

1. チューブの両はしにじょうごの管を入れる（またはじょうごの管にチューブを入れる）。

2. つなぎ目をテープでしっかりとめる。

3. 風船を少しだけふくらませたら、風船の丸い部分を $\frac{1}{3}$ くらい切る。ぴんと張って、片方のじょうごの口にかぶせ、テープでとめる。

4. 風船をつけたじょうごを、服の下に入れて自分の胸にあてる。反対側のじょうごを耳にあてて音を聞く。

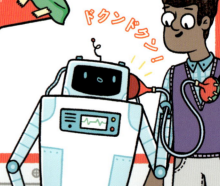

44

実験のかいせつ

実験でつくったのは、かんたんなちょうしん器だよ。心臓のドキドキが（かすかに）聞こえたかな？本物のちょうしん器みたいに、小さな空どうで音波をとらえて、その音がチューブを通って耳に伝わるんだ。秒針つきの時計を使って、心臓の心ぱく数をかぞえてみよう。20秒間ドキドキの回数をかぞえて、その数に3をかけたものが1分間の心ぱく数だ。1分くらい走ってから、もう一度心ぱく数をかぞえてみて。変化はあったかな？

ものごとのしくみ

血液とうせき器のしくみ

じん臓は、ふつう、血液の中の**にょう素**といういらない物質をキャッチしてくれる。このはたらきはいのちにかかわるから、じん臓がにょう素をとりのぞけない場合は、血液とうせき器の出番だ。この機械には、とうせき膜を通してかん者さんの血液からにょう素をすいとるための、とうせき液が入っている。とうせき液には、健康な血液に必要な**栄養素**もふくまれているから、血液に栄養素が足りていない場合は、とうせき膜を通ってかん者さんの血液に栄養素が染みこむよ。

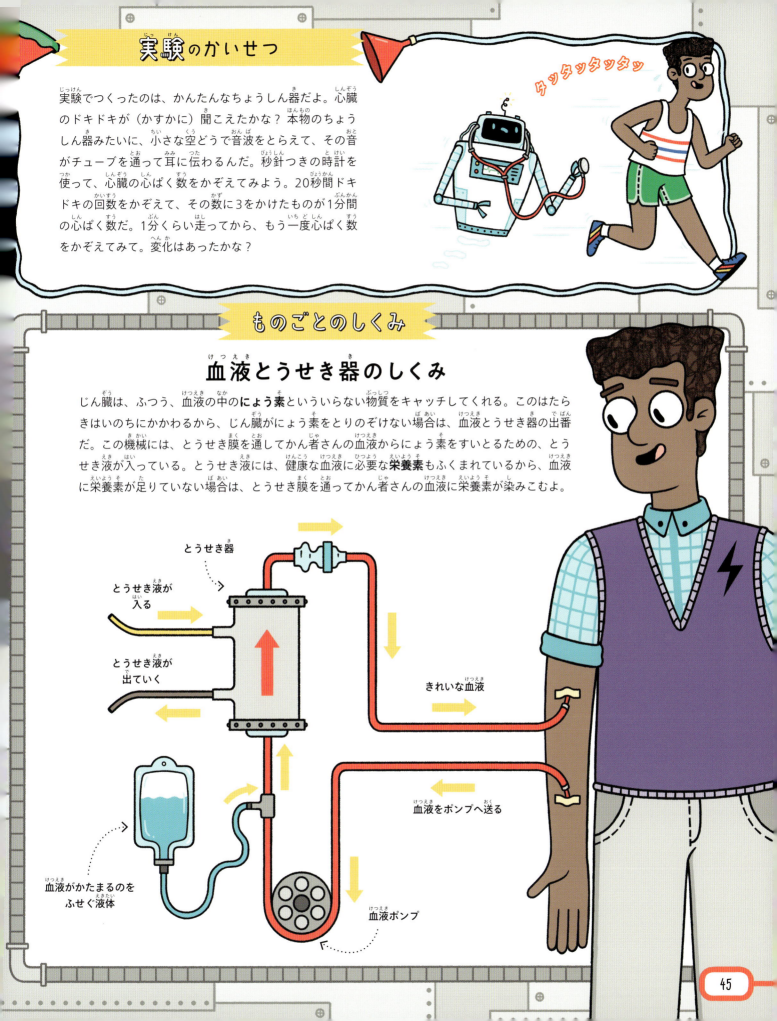

- とうせき器
- とうせき液が入る
- とうせき液が出ていく
- きれいな血液
- 血液をポンプへ送る
- 血液がかたまるのをふせぐ液体
- 血液ポンプ

45

YOU'VE GOT THE POWER

電気をつくる、電気を運ぶ

もし電気がなかったら、くらしはどうなるだろう？ 暖房も、冷房も、部屋の明かりも、ゲーム機なども使えなくなってしまうね。ここでは、電気のつくりかたと電気を運ぶしくみを見てみよう。

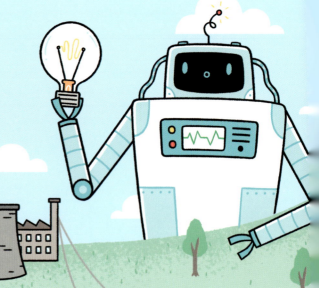

だいじな ポイント

電気の正体

電気の正体は、**電荷**をおびたものすごく小さな粒子（つぶ）だ。この粒子は**電子**といって、すべての原子がもっていて、マイナスの電荷をおびている（原子の中には陽子という粒子もあって、こっちはプラスの電荷をおびている）。一部の金属には動き回れる電子があるので、電気を通しやすい。電気を生み出す方法はいろいろあるけど、たいていは発電所でつくられる。電気がきみの家までやってくる道のりを見てみよう。

1) 電気が発電所でつくられる
2) 変電所で電圧を上げる
3) 高圧電線で高電圧の電気を運ぶ
4) 変電所で電圧を下げる
5) 工場、学校、病院などでたくさんの電気が使われる
6) 街中の電線で電気を運ぶ
7) 変圧器で家庭用の電圧に下げる
8) 電気がゲーム機などの充電に使われる

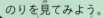
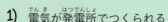
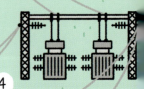

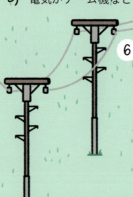
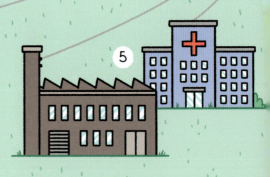

ものごとのしくみ

電気はどうやってつくる？

多くの発電所では、強力な磁石でつくった磁場の中でコイルを回すことで、電気を生み出している。ようするに、コイルの運動エネルギーを、電気にかえているんだ。（くわしくは50ページを見てね。）

知ってる？

電池のしくみ

電気は、電池でもつくれるよ。電池は化学反応によって、自由に動き回れる電子と、電子をマイナス極から押し出す力を生み出す。でも、電池の中でプラス極からマイナス極にマイナスの電荷が流れないと、電子の流れがつっかえてしまう。そのために電池の中には、電荷が自由に動ける電解質が入っている。だから、電池を回路（48ページ）につなぐと、電子がマイナス極から回路を通ってプラス極に移動するんだよ。

＋：プラス極
−：マイナス極

やってみよう

レモン電池をつくろう

レモンを使って電気をつくれるって知ってた？　本当だよ、ためしてみよう！

必要なもの

- ☑ 大人の人
- ☑ 包丁
- ☑ レモン…3個
- ☑ 亜鉛板（ホームセンターで手に入るよ）…3枚
- ☑ 紙やすりで削った銅板…3枚
- ☑ 2本のリード線がついた電圧計
- ☑ ビニール線（20センチメートル）…2本
- ☑ ニッパー
- ☑ ワニ口クリップ…4個

1 レモンをテーブルの上でころがして、少しやわらかくする。

2 大人の人に、2本のビニール線の両はしの皮をニッパーで2.5センチメートルずつはいで、導線を出してもらう。

3 大人の人に、全部のレモンに包丁で2つずつ切りこみを入れてもらう。ここに銅板と亜鉛板を入れるよ。

切りこみ　切りこみ

4 全部のレモンの切りこみに、銅板と亜鉛板を1つずつさしこむ。

銅板　亜鉛板

けがをしないように注意！

5 大人の人に手伝ってもらいながら、2本の導線の両はしにワニ口クリップをつなぐ。3つのレモンを2本の導線でつなぐ（それぞれの導線で銅板と亜鉛板をつなぐ）。

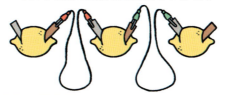

6 電圧計の2本のリード線を、残りの銅板と亜鉛板につなぐ。

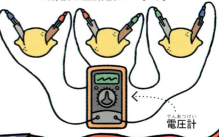
電圧計

実験のかいせつ

レモンの果汁が電解質としてはたらき、銅板と亜鉛板が電極としてはたらく。導線でつなぐと、電気が流れるというしくみだ。電圧は電圧計でかくにんできるよ。リンゴ、にんじん、じゃがいもなどでも、同じ実験をしてみよう。

テスラの話

物理学者で発明家のニコラ・テスラ（1856〜1943年）は、家に電気を送るしくみを発見したり、発電機のしくみを開発した人だよ。

A BRIGHT IDEA
電気と明かり

やったー！ これで電気が手に入ったね！ つぎは、電気で何ができるかためしてみよう。 まずは回路に電気を流すよ。回路を使うと、電気の流れをコントロールして、機械を動かすことができるんだ。電気のはたらきを見てみよう！

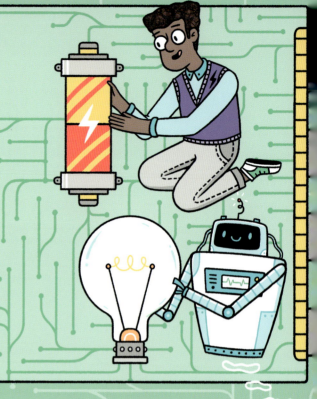

やってみよう

回路をつくろう

導線にゴールをつくると、電気を使える。これが、回路の目的だ。じっさいに回路をつくってみよう。

必要なもの

- ☑ 大人の人
- ☑ 2.5ボルト用の小さい豆電球…1個
- ☑ マンガン単3電池…2本
- ☑ ビニール導線
- ☑ セロハンテープ
- ☑ ニッパー

電池が熱くなるかもしれないので注意！
④の実験は、かくにんしたらすぐにやめよう！
（長時間つなぎっぱなしにしないこと）

① 大人の人に、ビニール線の両はしの皮をニッパーで1センチメートルずつはいでもらう。

② 導線のはしを電池のマイナス極にテープでとめる。

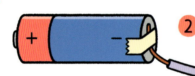

③ 豆電球の底をプラス極にくっつけておさえながら、導線のはしを豆電球の金属部分にくっつける。豆電球が光るよ。

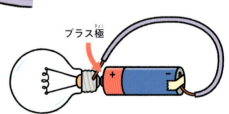

④ つぎに、単3電池2本のプラス極どうしをテープでくっつけよう。豆電球を2本目の電池のマイナス極にくっつけながら、また導線のはしを豆電球の金属部分にくっつける。

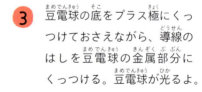

⑤ 豆電球は光らないよ！ ここで問題。手順③では光ったから、道具はこわれていないよね。何をどうかえたら、豆電球が光るかな？

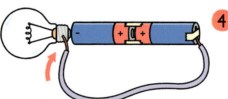

実験のかいせつ

電池、導線、豆電球を使って、電気が流れる回路ができたね。だけど、電流は回路のプラスからマイナスにしか流れないんだ。回路に電気を流して豆電球を光らせるには、2本目の電池のマイナス極を、1本目の電池のプラス極につながないといけないんだ。

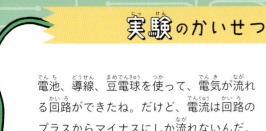
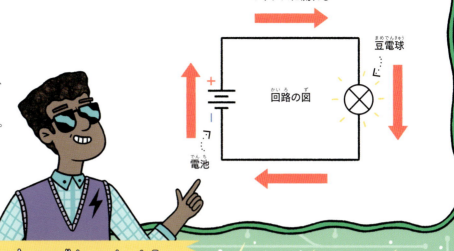

ものごとのしくみ

電球はどうして光るの？

白熱電球が光るしくみ

1. 電流が流れ、フィラメントという細いワイヤーが熱くなる。
2. フィラメントが熱をもち、その熱エネルギーの一部が光として出ていく。
3. 電球内の不活性ガスが、フィラメントが焼き切れるのをふせぐ。

LED電球が光るしくみ

LED（発光ダイオード）電球は、白熱電球とはしくみがちがう。LED電球には、半導体（たいていはシリコンからつくられる）が入っている。半導体は、電子があまっているn層と、電子が足りていないp層でできているよ。電流が流れるとp層とn層の境目で電気のエネルギーが光になって出ていくんだ。

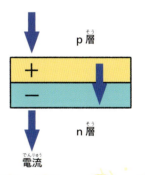

エジソンの話

アメリカ人のトマス・エジソン（1847〜1931年）は、1000個以上の発明をした発明家だよ。電球も、映画も、ちく音機も、全部エジソンの発明なんだ。

49

Making Motors

モーターが動くしくみ

電気を使って電球に明かりをつけることができたね。つぎは、電気と磁気のかんけいを利用した、モーターのしくみを見てみよう。モーターは、台所の道具やドライヤー、電車など、いろいろなところでかつやくしているよ。

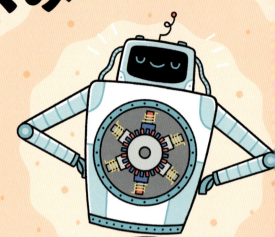

やってみよう

くぎに磁力をもたせよう

まずは、電気と磁気のフシギなかんけいをかんさつするよ。

必要なもの

- ☑ 大人の人
- ☑ 鉄やスチールでできた長いくぎ
- ☑ ニッパー
- ☑ ビニール導線（中の金属の太さが直径0.4ミリメートル以下、長さ4メートル以上のもの）
- ☑ マンガン単3電池…1本
- ☑ セロハンテープ
- ☑ 小さめのゼムクリップ

⚠ 注意！
電池が熱くなるので、10秒つないだら導線をはずして、1回休憩しよう！

1　大人の人に、ビニール導線の両はしの皮をニッパーで1センチメートルずつはいでもらう。

2　導線をくぎにしっかりと巻きつける。30周以上巻きつけ、両はしを30センチメートル以上あまらせる。導線がほどけそうなら、導線とくぎをテープでとめる。

3　導線のそれぞれのはしを、電池のプラス極とマイナス極にくっつけ、テープでとめる。

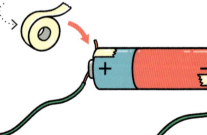

4　くぎの先をゼムクリップに近づけて、何が起きるかかんさつしよう！

50

実験のかいせつ

電気は磁気を生み、磁気は電気を生む。これを**電磁気**というよ。つまり、導線に電流が流れると、そこに磁場が生まれる。すると、くぎが磁石みたいになって金属を引きつけるんだ。これを**電磁石**というよ。導線をくぎに巻く回数をかえると、くぎの磁力はどう変化するかな？

電流をとめれば磁力は消えるから、電磁石はオンとオフを切りかえることができる。電気モーターは、この電磁石を利用しているんだ。

エルステッドの話

オランダ人の科学者ハンス・クリスティアン・エルステッド（1777〜1851年）は、電気と磁気のかんけいを発見した人だよ。方位磁針のそばで電流を流したときに、方位磁針の針が動いて、電流から磁力が生まれることに気づいたんだ。

ものごとのしくみ

電気モーターのしくみ

電気モーターは、電気を使ってものを動かす機械だ。利用するのは、電流と磁石。磁石には必ずN極とS極があって、磁力がはたらく場がある。NとSは引きよせあうけど、同じ極どうしは反発しあう。電気モーターは、この性質を利用するよ。

同じ極どうしは反発しあう

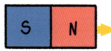 

異なる極どうしは引きあう

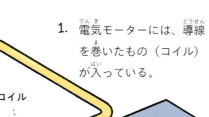

整流子

1. 電気モーターには、導線を巻いたもの（コイル）が入っている。

2. コイルの両側には磁石がある。コイルに電流が流れると、そのまわりに磁場ができる。磁石の磁場がコイルを引きよせたり押し返したりすることで、コイルが回る。

3. 整流子という部品で電流のむきをかえつづけることで、コイルの磁場のむきをたえず入れかえる。

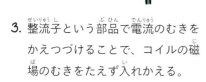

LET'S GET DIGITAL
アナログと
デジタルのちがい

けいたい電話やタブレットなど、たくさんの情報を保存しておける最新の機械は、デジタル技術を利用している。アナログ技術で通信をしていた昔の機械とは、何がどうちがうんだろう？アナログとデジタルのちがいを知ろう！

手巻き式アナログ時計は、針の位置で時間を教えてくれる。針は動きっぱなしだ。

> だいじな **ポイント**

アナログ

アナログの電子技術は、連続した信号を使って情報をあらわすよ。それから、情報を伝えるアナログ信号は切れ目がない。たとえば、手巻き式の時計は、針で時間をあらわすし、秒針はずーっと動いているよね。アナログ・ラジオの場合は、とぎれることなく空気中を進んでいる電波（56ページ）から、音の波を再現しているんだ。

デジタル

デジタル信号は、ピアノを連打するみたいに、オンとオフのパルスをダダダダダ……とつなげることで情報を送る。パルスがならんだものをコードというよ。デジタル機械はこのコードを、わたしたちがわかる情報にかえてくれるんだ。それから、デジタル時計などのデジタルの機械の中には、数字で情報を教えてくれるものもあるよ。

> クイズコーナー

デジタルのコードを
かいどくできるかな？

スパイごっこの時間だ！ひと目見ただけではわからない、重要なコードを受けとったよ。こたえは、つぎのうちのどれかだ。
Sの形 ＝ キケン
Vの形 ＝ いじょうなし
Cの形 ＝ つぎの任務にうつれ
四角形 ＝ 基地へもどれ
暗号は「0000001110010100111000000」だ。
「1」はオン、「0」はオフをあらわしているよ。

必要なもの
- ✓ 四角のグラフ用紙
- ✓ じょうぎ
- ✓ えんぴつ

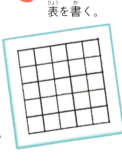

① 5マス×5マスの表を書く。

② コードの数字は、それぞれのマスに対応している。左上すみのマスからスタートだ。「0」のときは空のままにして、「1」のときはマスをぬりつぶそう。どの形があらわれるかな？

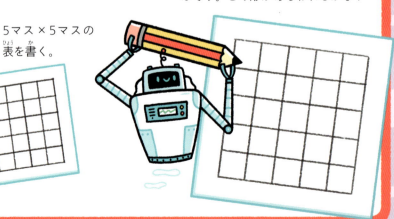

52　こたえは、この本の76ページにあるよ

クイズのかいせつ

このコードは、バイナリー・コードとよばれるデジタル・コードだよ。「1」はオン、「0」はオフをあらわす信号だ。ほとんどのコンピューターはバイナリー・コードを使って、情報をあつかっているよ。クイズのコードはとけたかな？

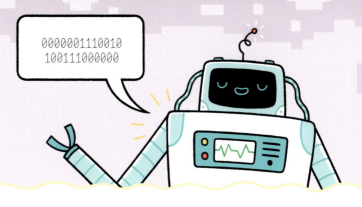

ものごとのしくみ

光ファイバーのしくみ

固定電話で友だちに電話をかけるとき、光ファイバーの電話線を通ると、きみの声は光を使って友だちに伝わるよ！声を光のパルスにかえて、レーザーから発射している。ちなみに、光ファイバーで伝える情報は、ほとんどがデジタルの信号だ。高速インターネットも、光ファイバーを利用しているよ。

1. 光ファイバーの電話線は、とても細いガラスでできている。

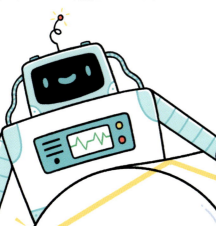

2. 光のパルスは、光ファイバーの中を反射しながら進む。光はガラスの表面で全反射するから、外に出ていかないんだ。

知ってる？

光ファイバーのホント

- 細い光ファイバーは、人のかみの毛の$\frac{1}{10}$の細さしかない。
- 光ファイバーを使えば、1秒もかからずに信号を地球1周させることができる。

カパニーの話

ナリンダー・シン・カパニー（1926年〜）は、インド生まれのアメリカ人物理学者だよ。1950年代に、光ファイバーの太いたばを使ってはじめてきれいな写真を送ることに成功したんだ。

53

天才的なコンピューター

テクノロジーが好きなみんなに、コンピューターをプレゼント！……といいたいところだけれど、知識のおすそわけでかんべんしてほしいな。コンピューターのオドロキの機能を紹介するよ！

だいじな ポイント

コンピューターって何？

コンピューターは、情報を入れたり、保存したり、整理したりできる機械だ。情報を書きかえたり、引き出したりもできる。コンピューターに情報を入れることは「入力」、保存することは「記おく」、書きかえたり計算したりすることは「処理」、引き出すことは「出力」というよ。コンピューターを動かすためのプログラムやデータの集まりを「ソフトウェア」、形のある機械は「ハードウェア」とよばれている。

入力のためのハードウェアには、キーボードやマウスがある。出力のためのハードウェアは、モニターやプリンターなどのことだよ。

ものごとのしくみ

マウスのしくみ

コンピューターのマウスにはセンサーが入っている。センサーとは、人間の目や耳のように、情報を感じとるもののこと。マウスは、センサーできみの手の動きを感じとって、その情報を信号にしてコンピューターに送る。すると、画面上のポインターが動くというしくみだ。昔はコードのついた有線マウスしかなかったけど、最近では、信号を電波や赤外線で送る、無線（ワイヤレス）のマウスも増えてきたよ。

知ってる？

世界最初のコンピューター

- 右の絵を見て。これが世界初のコンピューター「ENIAC」だ。重さは27トン（車10台分以上）で、大きさはビルの1部屋分もあったんだ。2015年には、10円玉のふちにのるほど小さいコンピューターが開発されたよ！
- 最初のマウスは木でできていたけれど、いまではありとあらゆる材料でつくられている。身ぶり手ぶりだけであやつれるコンピューターもあるよ。

コンピューターの中の世界

コンピューターの中はどうなっているのかな？ちょっとのぞいてみよう。

······▶ 制御信号の流れ　　······▶ データの流れ

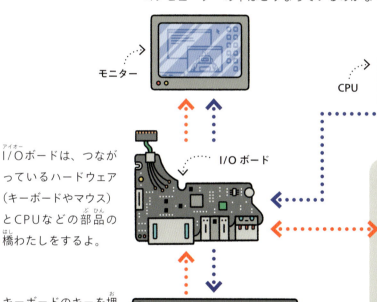

CPUは、コンピューター・プログラムの指示通りに、入力された情報を処理する。CPUは、コンピューターの中の主回路基板（マザー・ボード）の上にあるよ。

I/Oボードは、つながっているハードウェア（キーボードやマウス）とCPUなどの部品の橋わたしをするよ。

処理された情報は、RAM（ランダム・アクセス・メモリ）に移されて、一時的に保管される。

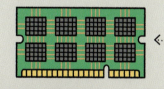

◁······ RAM

キーボードのキーを押すと、電気信号が入力／出力ボード（I/Oボード）に送られる。

ずっと残しておきたい情報は、ハード・ディスクなどに保存される。

◁······ ハード・ディスク

知ってる？

コンピューター・プログラム

コンピューター・プログラムは、コンピューターへの指示やデータの集まりのこと。プログラミング言語で書かれていることが多いよ。でも、コンピューターのプロセッサーはこのことばをそのまま理解することはできないから、ことばをバイナリー・コード（53ページ）にかえるべつのプログラムが必要なんだ。バイナリー・コードは機械語とよばれるよ。

ラブレスの話

イギリス人の数学者エイダ・ラブレス（1815〜1852年）は、機械式の計算機を調べていたときに、意外な作業をできることに気づき、それを計算機にさせるための指示を書いた。これが、最初のコンピューター・プログラムといわれているよ。

いろいろな電波

LOOK, NO WIRES!

最近の機械は、何にもつながっていないのにメッセージを送れるよね。でも、どうやっているんだろう？ここでは、電波のフシギを紹介するよ！

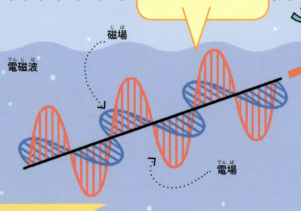

電磁波は、電場と磁場の変化が同時に伝わる波なんだ。

→ だいじな ポイント

エネルギーの波

電気をおびた粒子は、電磁波という電気と磁気のエネルギーを飛ばす。目に見える光も電磁波の仲間だけど、ほかの電磁波は目には見えないんだ。

ものごとのしくみ

電磁波の種類

電磁波にはいろいろな種類があって、波長も周波数もまちまちだ。波長とは、波の山から山までの間かくのこと。周波数は、1秒あたりの波の山の数をあらわす単位だよ。電磁波には、下の図の波が全部ふくまれている。電話も、テレビも、ラジオも、電磁波の信号を使って通信しているんだ。レントゲンの機械や電子レンジも、電磁波を利用しているよ。

電波	マイクロ波	赤外線	可視光	紫外線	X線	ガンマ線
テレビやラジオの信号	けいたい電話の通話、電子レンジの温め、天気のかんそく	テレビのリモコン、けいほう機、トースター	人がものを見るために必要な光の波	けい光灯、ニセ札を見抜く機械	レントゲンの機械	バクテリアやがん細胞を殺すときに使う

← 波長が長い　　　　波長が短い →

知ってる？

ラジオとテレビ

ラジオ番組やテレビ番組は、どうやって電磁波で送られてくるんだろう？はじめに、音や映像を電気信号にかえてから、送信機で電波を送るよ。すると、この電波を受信機がキャッチして、電波を電気信号にもどす。そして、この信号から元の音や映像が組み立てられるんだ。無線ルーター、けいたい電話などの無線通信を使う機械も、電波でデータを送ったり受けとったりしているよ。

電波を送る、電波を受けとる

やってみよう

電磁波たんていになろう

たんていになった気分で、それぞれの電磁波を使っている機械をさがそう！

必要なもの
- ✅ ノート
- ✅ えんぴつ

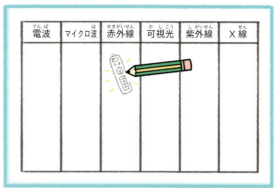

① 紙にヨコ6列の表を書く。それぞれの列のいちばん上に、電磁波の名前を書く。

② 56ページの電磁波の種類を見ながら、それぞれの電磁波を使う機械の絵を表にかこう。たとえば、赤外線の列にテレビのリモコンの絵をかくんだ。

③ 家の中や近所を歩いて、電磁波を使う機械をさがしてみよう。見つけたら、表にその絵をかこう。

知ってる？

カーナビとリモコンのしくみ

自分がいまいる場所を知るための**衛星**ナビゲーション・システムも、電波を使っているよ。たとえば車のカーナビの受信機は、地球のまわりを回る3つか4つの人工衛星から、電波で信号を受けとる。この信号には位置や時間のくわしい情報がふくまれていて、いくつもの信号を比べることで、現在地をわり出すんだ。

無線テクノロジーを使う全部の機械が、電波を使うわけじゃない。たとえばテレビのリモコンは、赤外線を飛ばしてテレビをそうさする機械だ。赤外線は、目に見えない電磁波だけれど、たまに熱として感じることができる。温かさを感じるものは、みんな赤外線を出しているんだ。もちろん、きみの体もね！

ヘルツの話

ドイツ人の物理学者ハインリヒ・ルドルフ・ヘルツ（1857～1894年）は、電磁スペクトル（電磁波の種類）の存在を証明した人だよ。

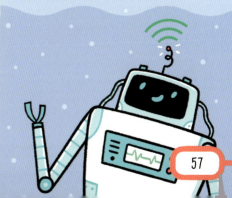

THE INCREDIBLE INTERNET
すごすぎるぞ！ インターネット

インターネットでは、ホントに何でもできるよね。いろいろな情報を手に入れたり、遊んだり、買い物したり、ニュース、映画、テレビ番組を見たりできる。ここでは、インターネットのしくみを見てみよう。

ものごとのしくみ

インターネットのしくみ

インターネットは、世界中にはりめぐらされたネットワークのことで、コンピューターやスマートフォンなどの電子機器がつながっている。どの機器も、IP（インターネット・プロトコル）アドレスという住所をもっているから、ルールにしたがって、機器どうしで通信することができるんだ。

1. コンピューターが、「ウェブサイトを見せて」というリクエスト・メッセージを送る。このメッセージは、パケットとよばれる単位に分けて送られる。

2. パケットは、まずルーターを通ってから、サーバー（リクエストやデータの送受信をさばく、大きなコンピューター）で処理される。その後、光ファイバー・ケーブルや人工衛星を通じて、目的地に送られる。

インターネット上を流れるメッセージには、必ず、送信者のIPアドレス、あて先のIPアドレス、パケットの組み立てかたの指示が書かれている。だから、名前もメールアドレスもちがう人たちで同じコンピューターを共有していても、情報が正しい人に届くんだ。

5. コンピューターがパケットを組み立て、ウェブサイトが画面に表示される。

4. ウェブサイトのデータがいくつものパケットに分けられて、リクエストしたコンピューターへ送り返される。

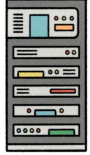

3. インターネット・サーバーがメッセージを受けとる。

やってみよう

ゲームでインターネットのしくみを体験

この実験では、コンピューターを使わずに、インターネットのしくみを体験できるよ！

必要なもの
- ☑ きみ＋友だち2人
- ☑ 紙…3枚
- ☑ えんぴつ

1 紙1枚とえんぴつを用意し、3人でテーブルのまわりにすわる。

2 プレイヤーAが部屋から出る。

3 プレイヤーBが何か動物を思いうかべ、プレイヤーCにその動物の名前をひそひそ声で伝える。

4 プレイヤーCがその動物の絵を紙にかき、紙を4つにやぶき、それぞれの場所を記入する。

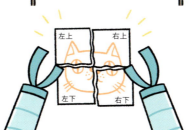
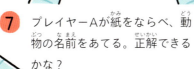
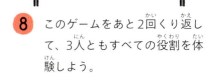

5 プレイヤーAを部屋によびもどす。

6 プレイヤーBがプレイヤーAにやぶいた紙をわたす。

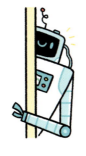
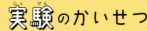

7 プレイヤーAが紙をならべ、動物の名前をあてる。正解できるかな？

8 このゲームをあと2回くり返して、3人ともすべての役割を体験しよう。

実験のかいせつ

楽しめたかな？ インターネットのしくみも体験できて、一石二鳥だね。プレイヤーBは、インターネットを使う人と同じことをしたよ。「動物の絵をかいて」というリクエストは、ウェブサイトへのリクエストと同じだ。プレイヤーCはインターネット・サーバーのように、リクエストを受けとってから、ウェブサイトを細かくパケットに分けたね。パケットからウェブサイトを組み立てたプレイヤーAは、プレイヤーBのコンピューターの役割をしたよ。

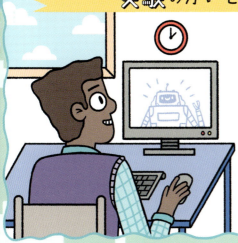

59

THE PHONE FANTASTIC

超べんり！けいたい電話のしくみ

けいたい電話がなかったら、困っちゃう人も多いよね。そんなけいたい電話には、じつはすごいテクノロジーが使われているんだ！

だいじな ポイント

けいたい電話のしくみ

けいたい電話は、電波の受信も送信もできるすぐれものだ。でも、アンテナも電池も小さいから、あまり遠くまで電波を飛ばすことはできない。その問題をかいけつしてくれるのが、電話どうしをつなぐけいたい電話ネットワークだよ。

1. マイクできみの声を受けとって、声を電気信号にかえる。

2. **マイクロチップ**（とても小さな電子回路）が、電気信号をデジタル信号にかえる。

3. けいたい電話の中の送信機が、信号を電波にして飛ばす。電波がいちばん近くの中継塔に届く。

けいたい電話の中継塔が受けもつエリアは、たいてい六角形の形に分けられる。これは、エリアの重なりを少なくしながら、なるべく少ない中継塔で広い地域をカバーするためだ。各エリアには中継塔と基地局が1つずつある。中継塔のアンテナがけいたい電話からの電波を受けとり、基地局が通話相手のもよりの基地局に信号を送るんだよ。

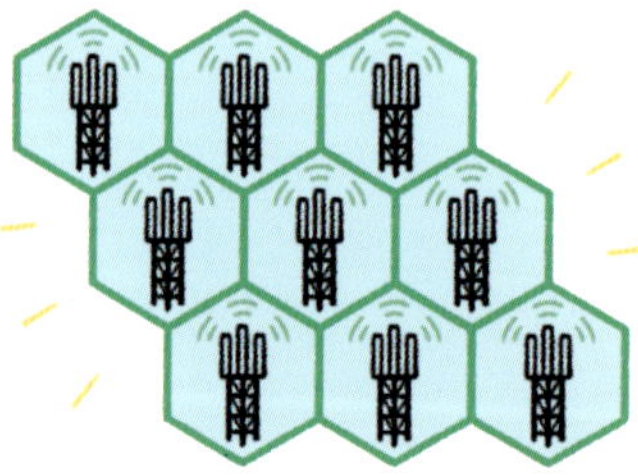

4. 中継塔が信号を基地局に送る。

5. 基地局がメッセージを転送する。かけた相手のけいたい電話の受信機が、電波をキャッチする。

60

やってみよう

電波を通さないものはどれだ？

トンネルに入ると、けいたい電話や車のラジオが受信できなくなってしまうことがある。きみも気づいたことはあるかな？ これは、電波がじゃまされて、受信機まで届かないからなんだ。この実験では、ラジコン・カーとそのリモコンを使って、電波をじゃまするものをさがすよ。

必要なもの

- ☑ ラジコン・カーとそのリモコン
- ☑ ノート
- ☑ えんぴつ
- ☑ アルミホイル
- ☑ 紙ぶくろ
- ☑ 布
- ☑ ビニールぶくろ

1 ノートにヨコ3列の表を書く。1列目のいちばん上に「使ったもの」と書き、2列目と3列目のいちばん上に、それぞれ「ラジコン・カーは動いたか？」、「何が起きたか？」と書く。

使ったもの	ラジコン・カーは動いたか？	何が起きたか？
アルミホイル		
紙ぶくろ		
布		
ビニールぶくろ		

2 「使ったもの」の列に、「アルミホイル」、「紙ぶくろ」、「布」、「ビニールぶくろ」と書く。

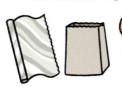

3 リモコンをアルミホイルでつつむ。リモコンがすっかりかくれるように、何重にも重ねよう。

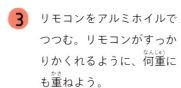
アルミホイル

4 リモコンでラジコン・カーを動かしてみよう。動くかな？ 結果を表に書こう。

5 ③と同じことを、残りの3つのものでためしてみよう。結果を表に書いてね。どんな発見があるかな？

実験のかいせつ

リモコンをアルミホイルでつつんだときに、ラジコン・カーは動かせたかな？ ほかのものではどうだった？ リモコンはラジコン・カーへの指示を電波で飛ばし、ラジコン・カーはその電波を受けとって動くよ。だから、リモコンの電波をじゃまするものがあると、指示を送れないんだ。布や紙などは電波をじゃましなかったと思うけれど、アルミホイルはちがったよね。アルミニウムなどの金属は電波をじゃまして、アルミホイルの外に電波が出にくくなってしまうんだ。

61

SUPER SMART MACHINES

自分で考える機械たち

機械はいっしょうけんめいに動くけど、脳みそはないよね。でも最近では、自分で考えることができる人工知能という機械が開発されているんだ。人工知能のすごさを見てみよう。

→ だいじな ポイント

人工知能
人工知能（AI）とは、人間のように自分で考えて問題をとくことができる、コンピューター・テクノロジーのこと。機械が自分で考えるためには、**推論**（筋道を立てて考えること）、計画、学習などの能力が必要になるよ。車の運転や会話、ゲームができる人工知能を見てみよう。

自動運転車
人が何もする必要がない車だよ。道路にある障がい物を電子センサーで感じとったり、カーナビを自分で使って道を見つけたりして走れるんだ。

チャットボット
チャットボットは、人間とかんたんな会話ができるコンピューター・プログラムだ。人の話しかたや、よく使われることばを学習するよ。ウェブサイト上でお客さんをあんないしたり、お店に来たお客さんに機械の使いかたを説明したり、店員さんみたいにかつやくしているよ。

コンピューターのチャンピオン
これまでに、チェスや囲碁のようなボードゲームができるコンピューターがつくられてきた。人間との対局でも、何度も勝っていたけれど、囲碁をうつのはむずかしいと思われていた。ところが、2016年にAIがトップ棋士のイ・セドルに勝ってしまったんだ。

やってみよう

宝さがしの アルゴリズム

インターネットの検さくエンジンは、アルゴリズム（手順）を使うことで、人にたよらずに目的の情報をさがし出してくれるんだ。オリジナルの宝さがしアルゴリズムをつくるゲームをやってみよう。

必要なもの

- ✔ 友だち…1人
- ✔ コイン…6枚
- ✔ えんぴつ…2本
- ✔ じょうぎ…2本
- ✔ 紙…4枚

① 右の表を3枚の紙に1つずつ書く。友だちにも紙を3枚わたして、同じ表を書いてもらおう。

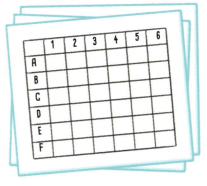

② 表を書いた紙1枚とコイン6枚をもって、友だちにべつの部屋に行ってもらう。友だちはそこで、6枚のコインを好きなマスに1つずつおく。

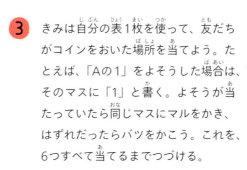

③ きみは自分の表1枚を使って、友だちがコインをおいた場所を当てよう。たとえば、「Aの1」をよそうした場合は、そのマスに「1」と書く。よそうが当たっていたら同じマスにマルをかき、はずれだったらバツをかこう。これを、6つすべて当てるまでつづける。

④ 2枚目の表を使って、②と③をくり返す。こんどは、きみが1つよそうをしてこたえ合わせをしたあとに、友だちからコインをおかなかったマスを1つ教えてもらう。そして、そのマスにバツをかく。

⑤ 3枚目の表で、もう一度②と③をやる。こんどは最初に、友だちからコインをおいたマスのアルファベットを、数字の順に教えてもらう。たとえば、Aの4、Bの3、Cの5、Dの1、Eの2、Fの6にコインをおいた場合は、D、E、B、A、C、Fと教えてもらう。同じ数字のマス（Aの4とBの4）などにおいた場合は、どっちが先でもいいよ。

実験のかいせつ

手順③、④、⑤は、コインの場所を見つけるための3種類のアルゴリズムだよ。③では、きみはてきとうにマスをえらんだよね。よほど運がよくないと、すべてのマスを当てるのは④よりも時間がかかるよ。④は、一度に2つのマスを確認できるからね。⑤のときは、はじめにアルファベットの情報を全部知れて、どこをさがせばいいか見当をつけられるから、いちばん早く正解できるはずだ。

63

RESTLESS ROBOTS
休みなくはたらくロボット

ロボットは、いろいろな仕事をしてくれる、べんりでスゴイ機械だ。お医者さんの手術を手伝って、かん者さんのいのちをすくったロボットもいるんだよ。

ものごとのしくみ

ロボット・アームのしくみ

ロボットの中には、人の手のような部品がついているものがある。たとえば、部品の溶接（金属どうしをくっつける）、色ぬり、箱づめ、組み立てなどをするロボットが多いよ。どれもコンピューターから命令をもらって、モーターで動いている。点検や修理のとき以外は、ずっと動きつづけられるんだ。

そのようなロボットには、たいてい、3通りの動きかたをするロボット・アーム（うで）がついている。動きかたは、ヨーイング（左右に動く）、ローリング（回転する）、ピッチング（上下に動く）の3つだ。正しく動くように、アームが動いたきょりを感じとるセンサーもついているよ。

1. ヨーイング（左右）
上から見た絵

2. ローリング（回転）
横から見た絵

3. ピッチング（上下）
横から見た絵

知ってる？

お助けロボット

ロボットは、人間ができないような、きけんな仕事もしてくれるんだ。きけん物をとりのぞいたり、不発だんを処理したり、地しんのあとにがれきの中から人を助けたりとかね。ほかに、宇宙や深い海など、きびしい環境でもはたらいてくれるよ。

ばくだん処理ロボット　　　宇宙ステーションのロボット・アーム

64

やってみよう

ロボット・アームをつくろう

ロボット・アームをつくってみよう！意外とかんたんにできるよ。

必要なもの

- ✓ 大人の人
- ✓ ダンボール（軽すぎないもの）
- ✓ きりまたは画びょう（穴をあけるのに使う）
- ✓ じょうぎ
- ✓ 割りピン…7個
- ✓ えんぴつ
- ✓ のりまたはテープ
- ✓ はさみ（ダンボールを切るのに使う）

1 ダンボールをヨコ2センチメートル、タテ15センチメートルのぼうの形に切る。同じものを合計7本つくり、そのうちの1本を半分に切る。

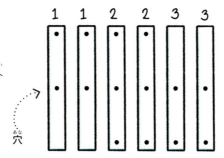

2 左の絵のように、ぼうに穴をあける。割りピンを通して回せるくらいの穴をあけよう。

3 ②の1、2、3の番号のぼうを組み合わせて、右の絵のように割りピンでつなぐ。割りピンをさしたら、かたいところに押しつけて、ダンボールがバラバラにならないようにしよう。

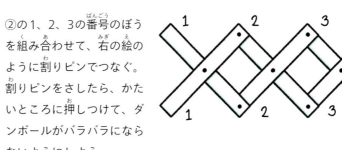

4 最後に、右の絵のように、半分の長さのぼうをぼう1の先にのりかテープでつける。

先たん
半分の長さのぼう

考えてみよう
ロボットにできること

下の活動のうち、ロボットが得意な活動、また、これから研究が進んで得意になりそうなものはどれだろう？比べたり、研究したりしてみよう。

1) 走る
2) 料理をする
3) ルービック・キューブをとく
4) リンゴをつむ
5) 詩をつくる
6) 水中を泳ぐ
7) 人の字を写す
8) 手品をする
9) 家具を組み立てる
10) じょうだんをいう

実験のかいせつ

このロボット・アームの動きはぎくしゃくしているけれど、小さなものをひろうことはできるはず。

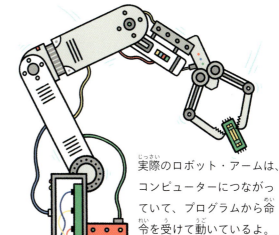

実際のロボット・アームは、コンピューターにつながっていて、プログラムから命令を受けて動いているよ。

MEET MY ROBOT!
人間のようなロボット

最近では、感覚（手ざわり、音、ことば）や推論を利用するロボット・プログラムがつくられている。研究がもっと進めば、びっくりぎょうてんするようなロボットができるかも！

だいじな ポイント

ロボットが自分で学ぶ

ほとんどのロボットは工場で使われていて、人がつくったプログラムで動くしくみになっている。だけど、人のような見た目で、人と交流できるロボットもいるんだ。こういうロボットは、人からのくんれんを受けずに、自分でプログラミングや学習ができるよ。この先、どこまで人間に近づけるだろうね。

クイズコーナー

ロボットのくんれんにちょうせん！

ロボットに、けいたい電話をきみのイスのところまでもってきてもらおう。右の表は、部屋をマス目に分けたものだよ。

説明	
🤖	ロボット
🪑	イス
📱	電話
＊	行き先
P/G	ひろう または わたす

	1	2	3	4	5
A					📱
B					
C					
D					
E	🤖	🪑			

下が、ロボットを動かすのに使うアルゴリズム（手順）だよ。

🤖 ＊ C1 ＊ C5 ＊ A5 P/G 📱 ＊ A4 ＊ E4 ＊ E2 P/G 📱

ロボットのむきをかえるときには、必ず「＊」を使うよ。このロボットはナナメには進めないんだ。これよりもロボットの動きを少なくしたアルゴリズムを書けるかな？

こたえは、この本の76ページにあるよ

66

やってみよう

ロボットの手をつくろう

ロボットにふくざつな作業を教えるには、まずはハイテクな手が必要だ。ロボットの手をつくってみよう！

必要なもの
- ダンボール
- ストロー…5本
- えんぴつ
- はさみ
- 糸
- セロハンテープ

1 手を少し開いてダンボールの上におき、手首から指の先までえんぴつでなぞる。つぎに、指の線をもっと太く、まっすぐに描きなおす。

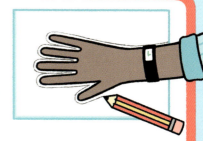

2 ①の線にそってダンボールを切る。

3 1本のストローを、1センチメートルの長さ2つと、3センチメートルの長さ1つに切る（親指に使う）。4本のストローをそれぞれ、1センチメートルの長さ3つと、4センチメートルの長さ1つに切る（親指以外に使う）。

4 ダンボールの全部の指に、間をあけて線をかく（親指は2本、それ以外の指は3本）。全部の線に折り目をつける。

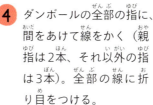

5 下のように、間をあけてストローをダンボールにはる。

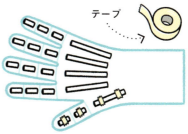

6 糸を5本に切り分ける。それぞれ、手首から指の先よりも長くなるように切ってね。

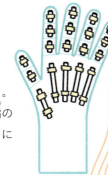

7 ストローの穴に糸を1本ずつ通す。糸は、それぞれの指の先にテープでしっかりとめる。

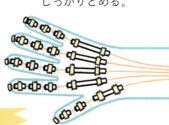

8 ダンボールの手首のところですべての糸をたばねてもち、糸を引く。何が起きるかな？

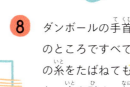

実験のかいせつ

ロボットの手は、人の手に似せてつくられることが多い。人の手は、のびちぢみする筋肉がけんというすじで指の骨を引っぱるから曲がるんだ。糸は筋肉とけんの役割をしているよ。

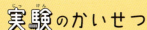
けん（白い部分）

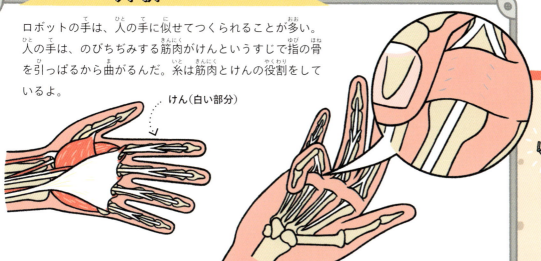

67

OUT OF THIS WORLD
宇宙のテクノロジー

この地球の外には、未知の世界が広がっている。そこには、わたしたちの生活をもっとよくできるような、新しい発見へのカギがころがっているかもしれないんだ。ここでは、宇宙探査テクノロジーを紹介するよ！

➡️ だいじな ポイント

宇宙探査

宇宙を調べるには、とっておきのテクノロジーが必要だ。たとえば**宇宙探査機**は惑星の近くを飛び、写真をとったり温度をはかったりできる。ほかにも、地球のまわりを回る宇宙ステーションや、月や火星を調べる探査車がある。これらは、全部ロケットで宇宙に送られるよ。

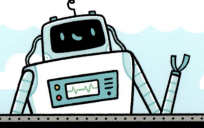

国際宇宙ステーション（ISS）は、地上278〜460キロメートルのところを秒速7.66キロメートルで回る人工衛星だ。ここでは科学にくわしい宇宙飛行士が、生き物が宇宙で健康に生きていくための方法などを調べているよ。

宇宙探査車は、人が生きていけないような環境の惑星を調べるロボットだ。たとえば火星の探査車は、「昔は生き物がいたのか」とか、「生き物が生きていけるのか」とかを調べるために、石を集めたり写真をとったりしているよ。

ロケットは、燃料を燃やして高温のガスをふん射する反動で、宇宙へと飛び出していく。これもニュートンの「第3法則」だよ！ 宇宙の遠くへ行くには、もっと重いものを運べるロケットが必要になる。食べ物や道具がたくさんいるからね。

68

やってみよう

空気で飛ぶロケットをつくろう

爆発を起こさずにロケットを飛ばしてみたくない？じつは、燃料を燃やさなくても、ロケットからガス（気体）をふん射できるんだ。ただし、本物のロケットと同じように、「ガス」と「ガスを押し出す圧力」が必要だ。実験では、空気をガスとして使い、ペットボトルで圧力を生み出すよ。

必要なもの

- ☑ 大人の人
- ☑ ストロー…1本（曲がる部分を切る）
- ☑ 紙…2枚
- ☑ セロハンテープ
- ☑ 大きめのペットボトル（ふたつき）
- ☑ ゴム系の接着剤または紙ねんど
- ☑ きり
- ☑ はさみ

1 紙をストローに2、3周くらいしっかりと巻きつける。紙のはしをテープでとめて、つつをつくる。

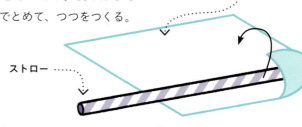

2 べつの紙を切って三角形を2つつくり、①のロケットにテープでつけて羽根にする。

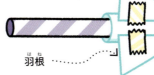

3 ロケットの先を折ってテープでとめ、つつの穴をふさぐ。

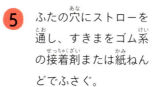

4 大人の人に、ペットボトルのふたにきりで穴をあけてもらう。ストローがちょうど通るくらいの穴にしてもらおう。

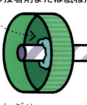

5 ふたの穴にストローを通し、すきまをゴム系の接着剤または紙ねんどでふさぐ。

6 紙のロケットをストローにかぶせ、わきでペットボトルを押すか、足でペットボトルをふむ。ロケットが勢いよく飛ぶよ！

⚠ 人や、こわれやすいものにむけて飛ばさないこと。広いところでやろう！

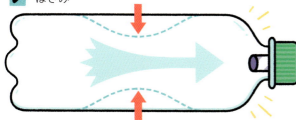

実験のかいせつ

ペットボトルから出た空気が紙のロケットを押すよ。このときに、推力という前に進む力が生まれるんだ。

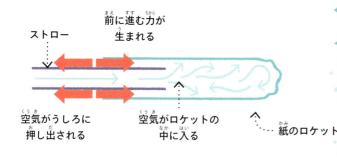

ゴダードの話

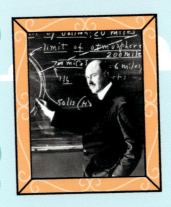

アメリカ人の発明家ロバート・H・ゴダード（1882〜1945年）は、1926年に液体燃料ロケットを世界ではじめて飛ばした人だよ。ロケットのジェット推進も考え出したんだ。

69

SUPER SPACE SUITS

宇宙服にはテクノロジーがてんこ盛り

宇宙飛行士は、宇宙空間のきびしい環境ではたらかないといけない。呼吸に必要な酸素もなければ、水もないし、青い地球もずっと遠くにある。でも、宇宙服さえ着ていれば、どこへ行ってもへっちゃらだ。

だいじな ポイント

宇宙服にくわしくなろう

宇宙服には、宇宙空間で生きていくための、いろいろな装置がついているよ。たとえば、呼吸に必要な酸素を出したり、はいた息にふくまれる二酸化炭素をすいとったりできる。それから、宇宙服は何層にもなっているんだ。これは、飛んでくるデブリ（宇宙の石や、ほかの宇宙船が残したごみ）から体を守ったり、服の中の気圧を保ったり（宇宙には空気がない）、超高温や超低温から守ったり、太陽の有がいな光線や太陽風をふせいだりするためだよ。

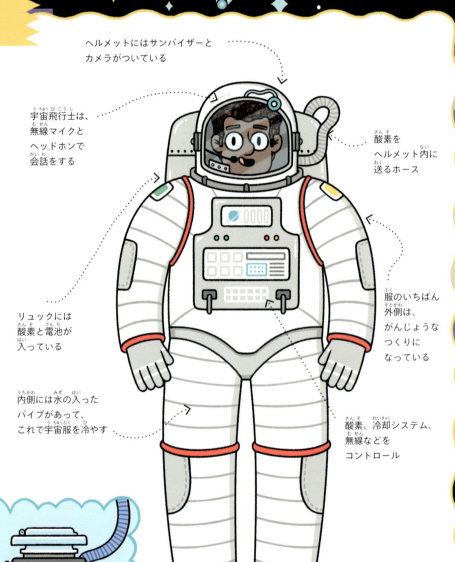

- ヘルメットにはサンバイザーとカメラがついている
- 宇宙飛行士は、無線マイクとヘッドホンで会話をする
- 酸素をヘルメット内に送るホース
- リュックには酸素と電池が入っている
- 服のいちばん外側は、がんじょうなつくりになっている
- 内側には水の入ったパイプがあって、これで宇宙服を冷やす
- 酸素、冷却システム、無線などをコントロール

知ってる？

宇宙のトイレのヒミツ

宇宙のトイレがどんなものか知ってる？宇宙飛行士が使うトイレは、そうじ機みたいになっていて、出したものを全部すいとってしまうんだ！

70

ものごとのしくみ

無重量になるわけ

宇宙ステーションの宇宙飛行士の写真を見ると、みんな「体重がなくなった」みたいにうかんでいるよね？これは、自由落下という状態なんだ。宇宙飛行士は地球の引力に引っぱられているけれど、宇宙ステーションも地球にむかって同じように引っ張られているから、宇宙飛行士はうくんだ。それから、宇宙ステーションが地面に落ちないのは地球のまわりを高速で回っているからなんだ。地球に落ちることはないんだよ。

知ってる？

重さと質量のちがい

重さと質量は、ちがうものだよ。重さは引力の大きさのことだから、物体がある天体によって変化するんだ。でも、質量は物質そのものの量のことだから、どこでもかわらない。

どこでも質量100g　　地球での重さおよそ1N

やってみよう

月での重さはどのくらい？

月では、体重がへるって知ってた？月の引力は地球の引力よりも小さいから、体重が軽くなるんだ。宇宙飛行士になったつもりで、月でのものの重さを計算してみよう。

必要なもの
- ☑ 家にあるものいろいろ
- ☑ ノート
- ☑ えんぴつ
- ☑ はかり

1 サッカーボール、本、えんぴつ、けいたい電話など、家にあるものを集めよう。

2 ノートにヨコ3列の表を書く。それぞれの列のいちばん上に、「もの」、「地球での重さ（g重）」、「月での重さ（g重）」と書く。

3 「もの」の列に、集めたものの名前を書く。

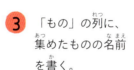

4 それぞれのものの重さをはかりではかって、「地球での重さ」の列に書き入れる。

5 つぎに、月での重さを計算しよう。月の引力は地球の$\frac{1}{6}$だから、地球での重さを6で割れば求められるよ。

6 計算した重さを「月での重さ」の列に書こう。

知ってる？

宇宙では運動が必要

宇宙飛行士は、宇宙での体への変化をやわらげるために、運動をしなくちゃいけない。ほとんど引力がない宇宙では、引力にさからって動く必要がないから、骨や筋肉が弱ってしまうんだ。国際宇宙ステーションでは、骨が弱くならないように定期的に運動をしているよ。体がうかないようにロープで固定できるランニング・マシンで走ったり、重さを感じられる機械を使ってきたえたりするんだ。

71

PROJECT SPACE STATION

宇宙ステーションにレッツゴー！

人は宇宙でどのくらい生きていけるだろう？ そのギモンにこたえるために、国際宇宙ステーション（ISS）の宇宙飛行士は、いろいろなテクノロジーをためしているんだ。

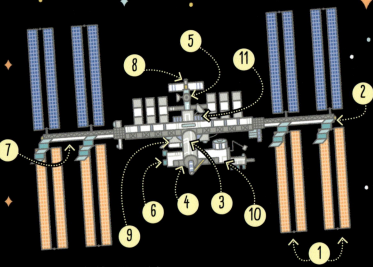

だいじな ポイント

国際宇宙ステーション

国際宇宙ステーション、略して「ISS」では、世界中から集まった宇宙飛行士が、宇宙で生きていくための方法を調べている。ほかの宇宙船やシステムの実験も行っているよ。宇宙にわき水はないから、水は全部リサイクルしている。食べ物とかは、毎月、無人の宇宙船で地球から送られてくるんだ。

1) ソーラー・パネル：太陽の光を電気にかえる
2) ラジエーター：ステーション内の温度を一定に保つ
3) デスティニー：アメリカの実験室
4) ハーモニー：電力や電子データを供給する
5) 実験室
6) コロンバス：ヨーロッパの実験室
7) トラス：ISSのいろいろな部分をつなぐ
8) ロシアのドッキング・ポイント（宇宙船が到着する場所）
9) クエスト（エアロック）：宇宙空間とのおもな出入り口
10) きぼう：日本の実験室
11) ザーリャ：最初に打ち上げられた部屋。いまは燃料の保管に使われている

やってみよう

宇宙ステーションを設計しよう

オリジナルの宇宙ステーションを設計して、組み立ててみよう。

必要なもの
- ✔ ノート
- ✔ カラーペン
- ✔ セロハンテープ
- ✔ はさみ
- ✔ ダンボール
- ✔ アルミホイル、コルク、絵の具（なくてもよい）

1 ISSの全体図とそれぞれのパーツの絵を、もう一度よく見よう。きみの宇宙ステーションにもほしいパーツはあるかな？ きみも同じものを使いたい？

2 オリジナルの宇宙ステーションの設計図をノートに書き、色をぬろう。

3 ダンボールでつくってみよう。名前は何にする？

72

知ってる？
宇宙遊泳

宇宙飛行士が宇宙船の外に出ることを、宇宙遊泳というよ。ISSの宇宙飛行士は、実験や部品の修理、機械のテストなどをするために宇宙遊泳をするんだ。もちろん、宇宙服を着て、ステーションからはなれないようにいのちづなをつけて行うよ。それに、ジェット・エンジンが入ったリュックをせおっているから、万が一いのちづなが切れても、自分で飛んでステーションに帰れるんだ。

ものごとのしくみ
エアロックのしくみ

宇宙飛行士が宇宙遊泳に出かけても空気が外に出ていかないのは、エアロックのおかげなんだ。その使いかたを見てみよう。

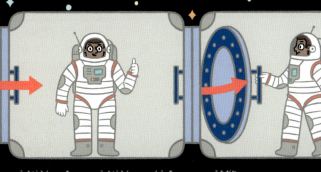

1. 宇宙服を着る。宇宙服には空気が入っているから、呼吸もできるし、居心地がいい。

2. 内側のエアロック・ドアをあけ、エアロック室に入り、内側のエアロック・ドアを閉じる。エアロック室の空気が少しずつぬけていく。

3. 外側のエアロック・ドアをあけ、宇宙遊泳に出発する。中にもどるときは、同じことを逆の順番で行うよ！

クイズコーナー
エアロック・クイズ

宇宙飛行士がドアのカギをなくしてしまう心配がないのは、どうしてだと思う？

a) カギは、宇宙服にひもでくっつきっぱなしだから。
b) ドアにカギがついていないから。
c) ドアは声であけられるから。

こたえは、この本の76ページにあるよ

MAKE A NEW PLANET

べつの惑星に移り住むには?

宇宙ステーションは短い間だけいるにはいい場所だけれど、もっと長く宇宙に住む場合はどうしたらいいかな？どんな環境なら、生きていけると思う？ べつの惑星での生活を想像してみよう！

ものごとのしくみ

テラフォーミングって何？

わたしたちの銀河には、何十億もの惑星があるらしいけれど、地球以外に生き物が住めそうな星はまだ見つかっていない。まず何よりも、地球みたいな大気がその星にないと呼吸ができないよね。気温も、ちょうどよくないとダメだ。テラフォーミングとは、金星や火星などの星を地球みたいな環境にかえて、人が住めるようにするというアイデアだよ。でも、となりの星に街をつくるなんてこと、ホントにできるのかな？

やってみよう

圧力の実験にちょうせん

惑星の大気の圧力が地球とちがっていたら、わたしたちの肺はきずついてしまうかもしれない。そのしくみを実験でかくにんしよう。

必要なもの

- ✓ くっつきにくい、小さめのマシュマロ
- ✓ とうめいな空のワインボトル
- ✓ ワインボトルから空気をぬくバキューム・ポンプ

1 マシュマロをころがして小さくする（くっつきやすい場合は、はじめにかたくり粉をまぶす）。

2 マシュマロをびんの中に入れる。

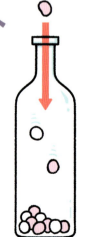

3 ポンプをセットして、空気をぬく。マシュマロがふくらむのがとまったら、空気を入れる。

実験のかいせつ

びんの空気をぬくと、マシュマロがふくらむ。これは、まわりの空気の圧力が下がると、マシュマロの中の空気がふくらむからなんだ。人が急に大気圧の低い惑星に降りると、わたしたちの肺も同じようにふくらんでしまう。それをふせぐには、圧力スーツを着て、地球の大気の圧力と同じような状態をつくる必要があるよ。

やってみよう

宇宙で植物を育てるには？

べつの星でくらすには、食べ物になったり酸素をつくったりする植物が必要だ。でも、栄養も、水も、日光もない場所で、植物は育つのかな？空気があるところで人工の光を当てて、栄養と水をリサイクルすればだいじょうぶ。ペットボトルを使って、宇宙でのさいばいを体験してみよう。

必要なもの

- ☑ 大人の人
- ☑ 2リットルのペットボトル
- ☑ はさみ
- ☑ はち植え用の土
- ☑ 植物の種
- ☑ 綿の布
- ☑ きり
- ☑ スコップ ☑ 植物用の肥料
- ☑ じょうぎ ☑ ペン
- ☑ 水 ☑ 紙コップ

1 綿の布にヨコ2.5センチメートル、タテ12センチメートルの四角をペンで2つかき、線にそってはさみで切る。

2 大人の人に、ペットボトルの上のほうにきりで穴を3つあけてもらう。右の絵のようにしてね。

3 ペットボトルを半分に切る。

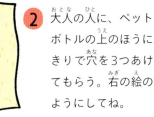

⚠ ペットボトルのふちに注意！

4 ペットボトルの上半分をさかさまにし、①の2枚の布をペットボトルの口に通して、下からたらす。

5 紙コップ3杯分くらいのはち植え用の土を入れる。

6 土に種をまく。

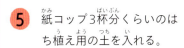

7 ペットボトルの下半分に水と肥料を入れる。

8 ペットボトルの上半分を下半分に入れる。布が水につかるくらいまで入れる。

9 種に少しだけ水をやり、数日間待つ。どうなるかな？

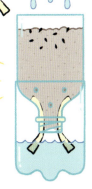

実験のかいせつ

ペットボトルの下の布が水をすい、それが土にしみることで、植物に水がいきわたるよ。ペットボトルの下半分にしっ気がたまるから、植物にずっと水分が供給されるんだ。科学者は、これと似たような装置を使って、宇宙で植物を育てる方法をさがしているよ。

75

PUZZLE ZONE ANSWERS
クイズコーナー のこたえ

18〜19ページ 強くて軽いプラスチック

つぎのものは、金属とプラスチックのどっちでつくるのがいいかな?

1. 金属 – がんじょうだから。
2. プラスチック – 安全で、よくはねるから。
3. プラスチック – 熱が冷めにくいから。

40〜41ページ 何が起きてる? バイオテクノロジーの世界

遺伝子の暗号をとこう
茶色の目

52〜53ページ アナログとデジタルのちがい

デジタルのコードをかいどくできるかな?
マス目をぬると、四角形があらわれるよ。こたえは、「基地へもどれ」だ!

66〜67ページ 人間のようなロボット

ロボットのくんれんにちょうせん!

解答例： 🤖 ★ A1 ★ A5 P/G 🔟 ★ Ɛ5 ★ Ɛ2 P/G 🔟

	1	2	3	4	5
A					🔟
B					
C					
D					
Ɛ	🤖				

72〜73ページ 宇宙ステーションにレッツゴー!

エアロック・クイズ
b) そもそもドアにカギがついていない。宇宙だから、どろぼうの心配もないしね!

INDEX
さくいん

実験やプロジェクトは**太字**になっているよ。

あ

I/Oボード	55
IP(インターネット・プロトコル)アドレス	58
圧力の実験にちょうせん	74
アナログ技術	52
アルキメデス	26, 27
アルゴリズム	63, 66
アルミニウム	16, 17, 61
あわ立て器	11
アンテナ	60
アンモニア	42
遺伝子	41
遺伝子工学	41
遺伝子の暗号をとこう	41
医りょう技術	44
印刷	22, 23
インターネット	53, 58, 59, 63
引力	6, 34, 71
ウール	20, 21
ウェッジウッド(ジョサイア・ウェッジウッド)	15
宇宙ステーション	64, 68, 71, 72, 74
宇宙ステーションを設計しよう	72
宇宙探査	68
宇宙探査機	68
宇宙探査車	68
宇宙で植物を育てるには?	75
宇宙のトイレ	70
宇宙飛行士	68, 70, 71, 72, 73
宇宙服	70, 73
宇宙遊泳	73
運河	26
運動の第3法則	34, 35, 38
運転の練習をしよう	31
エアロック・ドア	73
衛星ナビゲーション	57
栄養素	45
AI(人工知能)	62
エジソン(トマス・エジソン)	49
X-15(ジェット機)	39

76

X線 ………………………………………… 56, 57	けん ………………………………………………… 67
ENIAC(コンピューター) ……………………… 55	検さくエンジン ………………………………… 63
LED(発光ダイオード)電球 …………………… 49	原子 …………………………… 12, 13, 15, 46
エルステッド(ハンス・クリスティアン・エルステッド) ……… 51	建築 ………………………………………… 7, 8
エレボン ………………………………… 36, 37	高圧電線 …………………………………… 46
エンジン ……… 30, 32, 34, 35, 37, 38, 39, 63, 73	高温計 ………………………………………… 15
オール ……………………………………… 34	合金 ………………………………………… 17
重さ ……………………………… 30, 55, 71	工具 …………………… 9, 10, 11, 16, 42
織り機 ……………………………………… 21	**工具を使ってみよう** …………………………… 9
織物 …………………………………… 20, 21	鉱石 ………………………………………… 16
織物の性質を調べよう ……………………… 20	酵母 ………………………………………… 40
織物をつくってみよう ……………………… 21	抗力 ………………………………………… 37
音波 ………………………………………… 45	高炉 ………………………………………… 16
	国際宇宙ステーション(ISS) ………… 68, 71, 72
か	ゴダード(ロバート・H・ゴダード) ……………… 69
カーナビ ………………………………… 57, 62	コルクぬき ………………………………… 11
回路 …………………………… 47, 48, 49	コンピューター… 6, 16, 22, 42, 53, 54, 55, 58, 59, 62, 64, 65
回路をつくろう ……………………………… 48	
化学反応 …………………… 12, 16, 18, 47	**さ**
火星 …………………………… 6, 68, 74	細胞 …………………………… 27, 41, 56
カゼイン …………………………………… 18	酸性 ………………………………………… 18
活版印刷にちょうせん ……………………… 23	酸素 …………………… 12, 15, 16, 27, 70, 75
カパニー(ナリンダー・シン・カパニー) …………… 53	CPU ………………………………………… 55
かま …………………………………… 14, 15	ジェット・エンジン ……………………… 38, 39, 73
紙 …………………………………… 24, 25	**ジェット船をつくろう** ……………………… 35
紙でゲームをしよう ………………………… 25	**塩のねんどをつくろう** ……………………… 14
ガラス ………………………… 15, 24, 26, 53	紫外線 …………………………………… 56, 57
かんがい …………………………………… 42	磁気 …………………………… 50, 51, 56
かん切り …………………………………… 11	質量 ………………………………………… 71
ガンマ線 …………………………………… 56	支点 …………………………………… 10, 29
ギア ……………………………………… 11, 29	自転車 ………………………………… 10, 29, 30
キーボード ……………………………… 54, 55	自動運転車 …………………………………… 62
機械語 ……………………………………… 55	磁場 …………………………… 47, 51, 56
金属 ……………… 13, 16, 17, 19, 23, 46, 48, 50, 51, 61, 64	車じく ………………………………… 10, 11, 29
金属の強さを調べよう ……………………… 17	車輪 …………………………… 10, 11, 28, 29, 30
空気圧 ……………………………………… 27	周波数 ……………………………………… 56
空気で飛ぶロケットをつくろう ……………… 69	重力 …………………………………… 32, 37
くぎに磁力をもたせよう …………………… 50	樹脂 ………………………………………… 25
くさび ……………………………………… 8, 9	蒸気機関 ……………………………… 31, 42
くさびをつくろう …………………………… 8	シリコン …………………………………… 49
グライダー …………………………………… 37	人工衛星 …………………………… 57, 58, 68
車 …………………………………………… 30	人工知能(AI) ……………………………… 62
けいたい電話 ………………… 52, 56, 60, 61, 66, 71	心臓 …………………………… 27, 44, 45
毛糸 ………………………………………… 21	**心臓の音を聞こう** …………………………… 44
ゲームでインターネットのしくみを体験 ……… 59	心ぱく ……………………………………… 45
血液とうせき器 …………………………… 45	酢 ……………………………… 18, 22, 23, 35

水耕さいばいにちょうせん …… 43
水素 …… 12, 18, 42
推力 …… 39, 69
スマートフォン …… 58
整流子 …… 51
せいれん …… 16
赤外線 …… 54, 56, 57
セラミックス …… 17
セルロース …… 25
繊維 …… 20, 21, 23, 24, 25
潜水艦 …… 32
染料 …… 22, 23
ソーラー・パネル …… 72
ソフトウェア …… 54

た

タービン …… 39
大気圧 …… 75
太陽のエネルギー …… 13
太陽のエネルギーで卵を焼こう …… 13
宝さがしのアルゴリズム …… 63
たったの3秒で実験 …… 38
炭素 …… 12, 18
タンパク質 …… 12, 13, 18, 41
チッ素 …… 42
チャットボット …… 62
ちょうしん器 …… 45
ちょっとかわった水の実験 …… 24
月 …… 68, 71
月での重さはどのくらい？ …… 71
DNA …… 41
手押し車をつくろう …… 28
てこ …… 10, 11, 29
デジタル技術 …… 52
デジタルのコードをかいどくできるかな？ …… 52
テスラ（ニコラ・テスラ） …… 47
鉄 …… 16, 17, 50
テラフォーミング …… 74
テレビ …… 56, 57, 58
テレビのリモコン …… 56, 57
電圧 …… 46, 47
電荷 …… 46, 47
電解質 …… 47
電気 …… 11, 30, 39, 46, 47, 48, 49, 50, 51, 55, 56, 60, 72
電気信号 …… 55, 56, 60
電気モーター …… 51

電球 …… 48, 49, 50
電極 …… 47
電子 …… 46, 47, 49
電磁気 …… 51
電磁波 …… 56, 57
電磁波たんていになろう …… 57
電磁波の種類 …… 56, 57
電車 …… 30
電子レンジ …… 14, 56
電池 …… 47, 48, 49, 50, 60, 70
電波を通さないものはどれだ？ …… 61
電流 …… 49, 51
電話 …… 18, 52, 53, 56, 60, 61, 71
道具 …… 7, 8, 10, 26, 28, 44, 48, 50, 68
動脈 …… 27
トースターで実験！ …… 12
時計 …… 20, 45, 52
どこまでも飛んでいけ！ …… 36

な

ナイロン …… 20, 21
二酸化炭素 …… 12, 35, 40, 70
乳酸 …… 41
ニュートン …… 34, 35, 38, 68
ニュートン（アイザック・ニュートン） …… 34
にょう素 …… 45
布を染めてみよう …… 22
ネットワーク …… 58, 60
燃焼 …… 12, 39
ねんど …… 14, 15, 69
農業 …… 7, 42

は

ハードウェア …… 54, 55
ハード・ディスク …… 55
バイオテクノロジー …… 7, 40
バイナリー・コード …… 53, 55
バクテリア …… 6, 40, 41, 56
歯車 …… 10, 11, 29
波長 …… 56
発電所 …… 7, 46, 47
はねつるべ …… 26
パルプ …… 24
パンづくり …… 40
半導体 …… 49
ハンド・ドリル …… 11
万有引力 …… 34

火	12, 13, 14, 18, 22
光ファイバー	53, 58
飛行機	16, 36, 37, 38, 39
ピストン	27
微生物	40
ピニオン	10, 11
肥料	42, 75
風船	38, 39, 44
風船を回してみよう	39
複合材料	17
物質	12, 15, 16, 17, 25, 41, 42, 45, 71
船	32, 33, 34, 35
プラスチック	17, 18, 19, 44
プラスチックをつくろう	18
浮力	32, 33
プログラミング	55, 66
プロペラ	34, 35, 37, 38
分子	3, 13, 15, 18, 23, 25, 41
ヘルツ（ハインリヒ・ルドルフ・ヘルツ）	57
弁	27
方位磁針	51
ポリエステル	20
ポリマー	18
ポンプ	26, 27, 43, 45, 74

ま

マイクロチップ	60
マイクロプロセッサー	54
マウス	54, 55
膜	45
まさつ	29, 30
水	12, 14, 20, 21, 22, 24, 25, 26, 27, 31, 32, 33, 34, 35, 42, 43, 70, 72, 75
身近なポンプで実験	26
無重量	71
目の色	41
綿	20, 21, 75
毛細血管	27
モーター	30, 50, 51, 64
ものの性質を調べよう	19

や

焼き物	14, 15
輸送	7
陽子	46
ヨーグルトづくりにちょうせん	40
翼型	37

ヨットの模型をつくろう	33

ら

ライト兄弟	37
ラジオ	52, 56, 61
ラック	10, 11
ラブレス（エイダ・ラブレス）	55
RAM（ランダム・アクセス・メモリ）	55
流線型	
料理	8, 11, 12, 13, 40, 65
ルーター	56, 58
レーザー	53
レモン電池をつくろう	47
ローター	39
ロケット	68, 69
ロボット	6, 42, 64, 65, 66, 67, 68
ロボット・アームをつくろう	65
ロボットのくんれんにちょうせん！	66
ロボットの手をつくろう	67

79

著者

ニック・アーノルド

1996年より執筆活動を開始。英国で「ハリー・ポッター」に次ぐ人気を持ち、40か国累計で400万部を突破した「Horrible Science（ゾクゾクするほどおもしろい科学）」シリーズの著者。「Explosive Experiments」、「Chemical Chaos」、「Ugly Bugs」をはじめ多数の著作を持つ。執筆活動以外では、書店や学校、図書館などで講演も行う。

監修者

NPO法人 ガリレオ工房

「科学の楽しさをすべての人に」伝えるためのさまざまな取り組みを行う創造集団。メンバーは、教師、ジャーナリスト、研究者などで構成され、科学実験の研究・開発を行う。書籍、雑誌、新聞、テレビ番組、全国各地での実験教室やサイエンスショーを行うなど、その活動は多岐にわたり、各界から高い評価を受けている。2002年に吉川英治文化賞受賞。

翻訳

江原 健

日本版デザイン

米倉英弘（細山田デザイン事務所）＋ 横村 葵

DTP

水谷美佐緒（プラスアルファ）

イラスト

Kristyna Baczynski、リース恵実

校正

金子亜衣

子供の科学STEM体験ブック

AI時代を生きぬく問題解決のチカラが育つ

ためしてわかる 身のまわりの テクノロジー

NDC 407

2018年7月11日　発　行

著　者	ニック・アーノルド
監　修	ガリレオ工房
発行者	小川雄一
発行所	株式会社 誠文堂新光社
	〒113-0033　東京都文京区本郷3-3-11
	（編集）電話03-5805-7765
	（販売）電話03-5800-5780
	http://www.seibundo-shinkosha.net/
印刷・製本	株式会社 大熊整美堂

©2018, Seibundo Shinkosha, Publishing co., Ltd.
Printed in Japan
検印省略
禁・無断転載

落丁・乱丁本はお取り替え致します。

本書のコピー、スキャン、デジタル化等の無断複製は、著作権法上での例外を除き、禁じられています。本書を代行業者等の第三者に依頼してスキャンやデジタル化することは、たとえ個人や家庭内での利用であっても著作権法上認められません。

JCOPY ＜（社）出版者著作権管理機構 委託出版物＞

本書を無断で複製複写（コピー）することは、著作権法上での例外を除き、禁じられています。本書をコピーされる場合は、そのつど事前に、（社）出版者著作権管理機構（電話03-3513-6969／FAX 03-3513-6979／e-mail:info@jcopy.or.jp）の許諾を得てください。

ISBN978-4-416-61825-7